重庆文理学院学术专著出版资助

有机锌试剂的制备方法及其在化学合成中的应用

方 波　孟江平　著

北 京
冶 金 工 业 出 版 社
2023

内容提要

本书全面系统地介绍了有机锌试剂的发展历史、制备方法及在合成中的应用。全书共5章，第1章介绍有机锌试剂的起源及发展历史；第2章从11个方面介绍有机锌试剂的制备方法；第3章介绍有机锌试剂在常规取代、加成等反应中的应用；第4章重点介绍有机锌试剂在不对称加成、Reformatsky反应以及作为自由基引发剂方面的应用；第5章介绍有机锌试剂未来的发展前景及应用潜力。

本书可作为有机化学、金属有机化学及药物化学等专业本科生和研究生学习有机锌试剂的参考用书，也可供相关专业的教师和科研人员参考。

图书在版编目(CIP)数据

有机锌试剂的制备方法及其在化学合成中的应用/方波，孟江平著.—北京：冶金工业出版社，2023.3

ISBN 978-7-5024-9423-0

Ⅰ.①有… Ⅱ.①方… ②孟… Ⅲ.①锌试剂—制备 Ⅳ.①TQ421.3

中国国家版本馆CIP数据核字(2023)第038937号

有机锌试剂的制备方法及其在化学合成中的应用

出版发行	冶金工业出版社	**电　　话**	(010)64027926
地　　址	北京市东城区嵩祝院北巷39号	**邮　　编**	100009
网　　址	www.mip1953.com	**电子信箱**	service@mip1953.com

责任编辑 夏小雪　美术编辑 吕欣童　版式设计 郑小利

责任校对 葛新霞　责任印制 窦 唯

三河市双峰印刷装订有限公司印刷

2023年3月第1版，2023年3月第1次印刷

710mm×1000mm 1/16；10.25印张；166千字；151页

定价60.00元

投稿电话 (010)64027932 投稿信箱 tougao@cnmip.com.cn

营销中心电话 (010)64044283

冶金工业出版社天猫旗舰店 yjgycbs.tmall.com

前　言

近年来，有机锌试剂在合成化学中发挥着越来越重要的作用，已广泛应用于有机合成、药物合成等领域。有机锌试剂广阔的应用前景也吸引了国内外科学家们的注意，众多的科研课题组已开展相关工作。

有机锌试剂活性较高，许多有机锌化合物具有易燃、易氧化、易分解等特性，因此在制备该类化合物时，一般都要求在惰性气体保护下反应和处理，并要求严格按照操作规范进行。在大多数使用有机锌试剂的反应中，有机锌试剂在原位生成后直接用于下一步反应，同时，由于有机锌试剂的反应活性略低于有机锂试剂和有机镁试剂，因此，有机锌试剂能够与许多官能团共存，这极大地提高了有机锌试剂的应用范围。

本书基于最新和经典的有机锌试剂相关科研成果，分别介绍了有机锌试剂的背景、常见的制备方法、在常规合成中的应用、在不对称合成中的应用及有机锌试剂的展望等。通过本书可以全面了解有机锌试剂的历史和最新动态。本书可作为有机化学、金属有机化学及药物化学等专业学生了解金属配合物及相关药物合成的教学用书或参考书。

本书主要由重庆文理学院教师方波编写，孟江平老师修改及审定。感谢重庆文理学院对本书出版提供的资助。

由于作者水平有限，书中不足和疏漏之处，敬请各位同行专家和读者批评指正。

作　者

2022 年 10 月

英汉对照表

Additive	添加试剂
air	空气
cat	催化量或催化剂
condition	反应条件
dba	二亚苄基丙酮
DBU	1,8-二偶氮杂双螺环［5.4.0］十一-7-烯
DMA	氮,氮-二甲基乙酰胺
DMF	氮,氮-二甲基甲酰胺
dr	非对映体比例
ee	对映异构体过量百分数
eq	当量
FG	官能团
glyme	乙二醇二甲醚
HMPA	六甲基磷酰胺
ligand	配体
NBS	氮-溴代丁二酰亚胺
NMP	氮-甲基吡咯烷酮
NMR	核磁共振波谱
quant	定量
R	*R* 构型
S	*S* 构型

续表

Additive	添加试剂
TFA	三氟乙酸
THF	四氢呋喃
Toluene	甲苯
yield	产率
cis	顺式（烯烃）
trans	反式（烯烃）
syn	顺式（非对映异构体）
anti	反式（非对映异构体）

目 录

1 绪　论

有机金属化合物，如有机锌试剂、有机镁试剂和有机锂试剂是一类含有C—M（碳—金属）结构的物质，被广泛应用于有机合成及药物合成等领域[1-2]。最早广泛使用的有机金属试剂为有机铜，随后有机锆、有机锌、有机镁以及有机锂等其他有机金属试剂也逐渐发展并得到运用[3-6]。特别是近年来，有机锌试剂在有机化学、药物化学、生物化学等领域的应用受到越来越多的关注，其发展日趋成熟，目前已开发出多种有机锌试剂用于相关领域的化学反应[7-10]。

有机锌试剂早在1849年就已制得，但因其化学反应性不高，仅应用于环丙基化及Reformatsky等特殊反应中[11]。有机锌试剂的低反应性是由于碳—锌(C—Zn)键的高度共价特性和锌的中等路易斯酸性的结合共同产生的。值得注意的是，有机锌试剂可以在主族有机金属试剂通常不能共存的一些极性溶剂（如DMF、N,N-二甲基甲酰胺）中制备和存在，某些条件下还能容忍存在呈现酸性质子的有机官能团，如N—H酰胺、炔烃或吲哚[12]。另外，有机锌化合物的一个显著特征是它们易与许多过渡金属盐或配合物进行金属转移和交换，这增强了有机锌试剂的反应性。同时，由于d轨道的存在，由此产生的新的过渡金属化合物可以与许多有机亲电试剂反应。因此，尽管有机锌试剂本身反应活性有限，但其具有较好的官能团相容性和化学反应选择性，且可与许多金属，特别是过渡金属在温和的条件下进行金属转移和交换反应，得到具有优良反应性能的有机过渡金属试剂，克服了有机镁和有机锂试剂的碳—金属键化学选择性相对较低以及与官能团相容性差等缺点，较好地解决了试剂的活性与试剂的官能团相容性这一矛盾，有机锌试剂的这些特点使之成为有机化学领域非常重要的一种试剂，在化学合成、药物化学、材料制备等方面有极为广泛的应用[13]。

目前，科学家们已经提出了多种方法制备各种官能团化的有机锌试剂，使有机锌试剂得到了更为广泛的应用。随着有机锌试剂开发与应用的逐渐深入，介绍有机锌化学的相关文献日益丰富。1993年，Paul Knochel教授在《有机合成中官能团化有机锌试剂的制备与反应》及有机锌的综述中，从5个方面介绍了有机锌试剂的制备，并从铜（Ⅰ）、钯（0）、钛（Ⅳ）三种催化条件下有机锌参与的反应对其应用作了详尽介绍[14]。1999年，Paul Knochel教授又在《有机合成中官能团化有机金属试剂的新应用》一文及随后的综述中，重点介绍了制备有机锌试剂的新方法及其应用[15-16]。近年来，有机锌试剂广阔的应用前景也吸引了国内研究者们的注意，中国科学院、兰州大学和西北师范大学等多个研究组都在开展相关工作[17-21]。尽管已有部分文献介绍有机锌的制备，并从催化剂类型方面介绍了有机锌试剂参与的反应，但迄今为止，国内外尚未有文献全面报道有机锌试剂的制备以及从反应类型出发介绍其应用的新进展。鉴于此，本书将从有机锌试剂的制备、有机锌试剂的常规应用及有机锌试剂在不对称合成领域的应用等方面介绍有机锌试剂研究的新进展。

参 考 文 献

[1] MENG J P, GONG Y, LIN J H. Enhanced photocurrent response on a CdTe incorporated coordination polymer based on 3-(3-(1H-imidazol-1-yl)phenyl)-5-(4-(1H-imidazol-1-yl)phenyl)-1-methyl-1H-1,2,4-triazole [J]. RSC Adv., 2016, 6: 73869-73878.

[2] ZHU H, DRIVER T G. Recent advances to mediate reductive processes of nitroarenes using single-electron transfer, organomagnesium, or organozinc reagents [J]. Synthesis, 2022, 54: 3142-3161.

[3] YI Y, HANG W, XI C. Recent Advance of Transition-Metal-Catalyzed Tandem Carboxylation Reaction of Unsaturated Hydrocarbons with Organometallic Reagents and CO_2 [J]. Chin. J. Org. Chem, 2021, 41: 80.

[4] GARCÍA GARRIDO S E, PRESA SOTO A, HEVIA E, et al. Advancing Air- and Moisture-Compatible s-Block Organometallic Chemistry Using Sustainable Solvents [J]. Eur. J. Inorg. Chem., 2021, 2021: 3116-3130.

[5] JANG S Y, MURALE D P, KIM A D, et al. Recent Developments in Metal-Catalyzed Bio-orthogonal Reactions for Biomolecule Tagging [J]. ChemBioChem, 2019, 20: 1498-1507.

[6] HU Y, ZHOU B, WANG C. Inert C—H Bond Transformations Enabled by Organometallic Manganese Catalysis [J]. Accounts Chem. Res., 2018, 51: 816-827.

[7] DIAN L, MAREK I. Asymmetric Preparation of Polysubstituted Cyclopropanes Based on Direct Functionalization of Achiral Three-Membered Carbocycles [J]. Chem. Rev., 2018, 118: 8415-8434.

[8] CHANDRASEKARAN R, PULIKKOTTIL F T, ELAMA K S, et al. Direct synthesis and applications of solid silylzinc reagents [J]. Chem. Sci., 2021, 12: 15719-15726.

[9] ECHAVARREN J, GALL M A Y, HAERTSCH A, et al. Active template rotaxane synthesis through the Ni-catalyzed cross-coupling of alkylzinc reagents with redox-active esters [J]. Chem. Sci., 2019, 10: 7269-7273.

[10] LUTTER F H, GROKENBERGER L, HOFMAYER M S, et al. Cobalt-catalyzed acylation-reactions of (hetero) arylzinc pivalates with thiopyridyl ester derivatives [J]. Chem. Sci., 2019, 10: 8241-8245.

[11] RAPPOPORT Z, MAREK, I. The Chemistry of Organozinc Compounds: R-Zn [M]. New York: John Wiley & Sons, 2006.

[12] KIM J H, KO Y O, BOUFFARD J, et al. Advances in tandem reactions with organozinc reagents [J]. Chem. Soc. Rev., 2015, 44: 2489-2507.

[13] ZHAO B, ROGGE T, ACKERMANN L, et al. Metal-catalysed C-Het (F, O, S, N) and C—C bond arylation [J]. Chem. Soc. Rev., 2021, 5: 8903-8953.

[14] KNOCHEL P, SINGER R D. Preparation and reactions of polyfunctional organozinc reagents in organic synthesis [J]. Chem. Rev., 1993, 93: 2117-2188.

[15] KNOCHEL P, JONES P. Organozinc Reagents: A Practical Approach [M]. Oxford: Oxford University Press, 1999.

[16] BOUDIER A, BROMM L O, LOTZ, M, et al. New Applications of Polyfunctional Organometallic Compounds in Organic Synthesis [J]. Angew. Chem. Int. Ed., 2000, 39: 4414-4435.

[17] SUN Q, ZHANG, X P, DUAN X, et al. Photoinduced Merging with Copper- or Nickel-Catalyzed 1, 4-Cyanoalkylarylation of 1, 3-Enynes to Access Multiple Functionalizatized Allenes in Batch and Continuous Flow [J]. Chin. J. Chem., 2022, 40: 1537-1545.

[18] 张娟，王碧云，刘熠森，等. 镍催化的偕二氟芳基乙烯与有机锌交叉偶联反应立体选择性合成（*Z*)-单氟烯烃 [J]. 有机化学，2019，39：249-256.

[19] 李高伟，王晓娟，赵文献，等. 炔基锌与醛的催化不对称加成反应研究进展 [J]. 有机化学，2010，30：1292-1304.

[20] FENG X T, REN J X, GAO X, et al. 3, 3-Difluoroallyl Sulfonium Salts: Practical and Bench-Stable Reagents for Highly Regioselective gem-Difluoroallylations [J]. Angew. Chem. Int. Ed., 2022: e202210103.

[21] TANG M, HAN S, HUANG S, et al. Carbosulfenylation of Alkenes with Organozinc Reagents and Dimethyl (methylthio) sulfonium Trifluoromethanesulfonate [J]. Org. Lett., 2020, 22: 9729-9734.

2 有机锌试剂的制备

2.1 引　　言

自 1849 年 Frankland 合成第一个有机锌化合物（二乙基锌）后，有机锌试剂已经历了 170 多年的发展[1-3]。有机锌化合物（RZnX 和 R_2Zn）虽然是人工合成最早的一类金属有机化合物，但因与典型的亲电剂反应活性较差，使其在有机合成中的应用受到限制[4-6]。

现代有机合成的多数目标物或中间体是含多个官能团的化合物，这就要求前体物分子本身应带官能团，才可达到简便快速合成目标分子的目的。因此，制备官能团化的有机金属化合物作为有机合成的亲核试剂日益重要。研究表明，有机镁试剂、有机锂试剂等许多有机金属试剂反应活性较高，不利于制备官能团化的格氏试剂和有机锂试剂，因此，在制备这些有机金属化合物之前，相应的官能团必须进行基团保护，随后在这些有机金属试剂参与反应后再将保护基脱除，如此烦琐的步骤降低了有机镁和有机锂试剂的应用。然而，在有机锌试剂中，C—Zn 键具有较大的共价成分，反应活性低于有机镁和有机锂试剂，因此，较低的反应活性允许多种官能团存在于有机锌试剂中，而这类有机锌试剂在过渡金属盐如 Cu(Ⅰ)、Ni(Ⅰ)、Pd(0) 等催化下，能与多种亲电试剂发生取代、加成等反应形成新的 C—C 键，且反应条件温和、立体专一性好，产率也较高。因此，官能团化有机锌试剂的制备和应用研究日益活跃[4,7]。本章主要介绍这类试剂的制备方法。

2.2 格氏试剂的制备方法

2.2.1 格氏试剂与卤化锌反应制备有机锌试剂

格氏试剂本身是一类广泛应用的有机金属试剂，具有很好的反应活性。

在合成某些特定结构的目标分子时，与格氏试剂相比，使用有机锌试剂可以保留许多有用的官能团。而利用格氏试剂可以方便地制备有机锌试剂，这是近年来常用的制备有机锌试剂的方法。

如式（2-1）所示，1~3当量的正丁基溴化镁可分别与氯化锌在0℃的无水四氢呋喃溶液中反应，从而分别制备相应的有机锌试剂。此外，苯基/三甲基硅基炔基溴化镁 **1** 与羰基化合物 **2** 形成的中间体也可与溴化锌反应，得到相应的有机锌化合物 **3**[8-9]，从而进行后续反应。

$$n\text{-BuMgBr}+\text{ZnCl}_2 \xrightarrow{\text{THF, 0℃, 20min}} n\text{-BuZnCl}$$

$$2n\text{-BuMgBr}+\text{ZnCl}_2 \xrightarrow{\text{THF, 0℃, 20min}} n\text{-Bu}_2\text{Zn}$$

$$3n\text{-BuMgBr}+\text{ZnCl}_2 \xrightarrow{\text{THF, 0℃, 20min}} n\text{-Bu}_3\text{ZnMgBr} \quad (2\text{-}1)$$

$$\text{R}-\equiv-\text{MgBr} + \mathbf{2} + \text{ZnBr}_2 \xrightarrow{\text{THF, }-60℃} \mathbf{3}$$

1 2 3

（2：含 SiMe$_3$ 取代羰基的烯基化合物；3：含 ZnBr、R 取代炔基和 OSiMe$_3$ 的环戊烷）

通过该类方法虽然能够制备多种结构的有机锌化合物，但是原料格氏试剂要么价格昂贵、要么需要先行制备，再加之反应条件较为苛刻，因此使该类方法的应用受到一定限制。

2.2.2 金属锌对卤代物（RX）的插入反应制备有机锌试剂

1849年，Frankland通过在氢气保护下，金属锌与碘乙烷一起加热，合成了第一个有机锌化合物——二乙基锌。1962年，Gaudemar发现在温和条件（25~50℃）下，锌箔于四氢呋喃（THF）中能迅速与碘代烷发生金属插入反应。随后这一方法得到广泛应用，合成了许多含酯基、酮基、胺基、烯醇、酰胺基、烯酮、端炔等活泼基团的有机锌试剂[4,7,10-12]。该类型反应可用式（2-2）表示：

$$\text{FG}-\text{RX}+\text{Zn} \xrightarrow[5\sim45℃]{\text{THF}} \text{FG}-\text{RZnX} \quad >85\% \quad (2\text{-}2)$$

X=I，Br

FG=CO_2R，CN，$(RCO)_2N$，RNH，$(TMS)_2Si$，NH_2，RCONH，$(RO)_3Si$，$(RO)_2P(O)$，RS，RS(O)，RSO_2，PhCOS

R=烷基，芳基，苄基，烯丙基

金属锌对卤代物C—X的插入反应速率取决于烃基的结构、卤素的性质、反应条件和金属锌的活性。在这些影响因素之中，能否成功制备有机锌试剂的关键是金属锌的活化程度。目前活化金属锌的方法较多，最常用的是稀盐酸洗涤法，另外，锌盐还原法、1,2-二溴乙烷和三甲基氯硅烷等也常用于金属锌的活化。其中，Paul Knochel 提出的1,2-二溴乙烷和三甲基氯硅烷联合使用以活化金属锌得到了十分广泛的应用，该方法可以直接用于活化商品级的锌粉制备有机锌试剂并于温和的条件下进行后续反应。不仅如此，该方法适用于多种官能团化的卤代烃底物，相应的官能团包括羰基、酯基、酰胺基、氰基、卤素、氨基等。金属锌一般用锌箔。另外，在THF中使用萘基锂还原 $ZnCl_2$，也能获得高活性的金属锌。

烃基的结构也对有机锌试剂的制备具有重要影响，大致上烃基按活性顺序排列为：烯丙基~苄基>烷基（3°>2°>1°）>芳基≥烯基。此外，卤代烃基化合物中，不同卤素按活性顺序排列为：I>Br>Cl>F。因此，氟代烃、氯代烃的反应活性较低，实际应用中常使用碘化物和溴化物。常用的溶剂是THF，也可使用苯与N,N-二甲基乙酰胺（DMA）或六甲基磷酰胺（HMPA）混合溶剂[13]。

近年来应用金属锌对卤化物的插入反应制备有机锌试剂依然是该领域较常用的方法。如式（2-3）所示，带有官能团的芳基溴/碘化物可在氯化锂存在下与金属锌反应，从而制备相应的有机锌化合物，底物所带的基团包括酯、酮、醚、偶氮、酰胺及磺酸酯等官能团，表明该类反应的底物实用性较好。用于该类反应的辅助试剂除氯化锂外，还包括溴化钴/溴化锌、金属镍等。

$$\text{R—Br} \xrightarrow[\text{溶剂}]{\text{Zn，催化量}I_2} [\text{R—ZnBr}] \xrightarrow{\text{ArX，催化量Ni}} \text{R—Ar}$$

R=*n*-Oct，>90%　　71%~97%

R=烷基或官能团化的烷基

$$\mathbf{4}\ (\text{Br, FG-苯}) \xrightarrow[\text{Zn, 3 eq, }H^+;\ CH_3CN\text{，室温}]{CoBr_2\text{, 0.1 eq; }ZnBr_2\text{, 0.1 eq}} \mathbf{5}\ (\text{ZnBr, FG-苯}) \qquad (2\text{-}3)$$

$$\mathbf{6}\ (\text{FG, X, X}) \xrightarrow[\text{X=I, Br}]{\text{Zn，LiCl}} \mathbf{7}\ (\text{FG, X, ZnX})$$

A:芳基或杂环芳基

FG=CO_2R，COR，OAc，N=NNR_2，OCON(i-Pr$)_2$，OSO_2Ar

通过金属锌对卤代物（RX）的插入反应制备有机锌试剂与近几年发展的制备有机锌的方法相比，进一步提高了制备效率，降低了成本，使有机锌能够更加广泛地应用于有机合成。

2.2.3 硼锌交换反应制备有机锌试剂

本节介绍制备双有机锌试剂的方法，即硼锌交换反应。有多种有机硼烷可与 Et_2Zn 或 i-Pr_2Zn 反应生成相应的双有机锌试剂，该方法由 Zakharin、Thiele 及其同事首创，为大量的双有机锌化合物的制备提供了一类通用的方法。这类硼锌交换反应通常在温和的条件下进行，并对大量的官能团耐受，适用于烯丙基和苄基双有机锌试剂、伯烷基和仲烷基双有机锌及二烯丙基锌的制备。

有机硼与简单的二烷基锌（Me_2Zn、Et_2Zn、i-Pr_2Zn）可以在温和的条件下发生硼锌交换反应。反应的动力源自硼锌交换容易发生，生成的简单有机硼（Me_3B、Et_3B、i-Pr_3B）易挥发而离开反应体系使反应顺利进行。应用这种方法可以制备结构较为简单的双有机锌试剂[14]，见式（2-4）。

$$3R^1{}_2Zn + 2R^2{}_3B \rightleftharpoons 3R^2{}_2Zn + 2R^1{}_3B \tag{2-4}$$

利用硼锌交换反应还可以制备手性有机锌试剂，如式（2-5）所示，带有手性中心的硼烷化合物与 i-Pr_2Zn 试剂反应，可以得到对应的有机锌试剂，其手性中心仅有轻微的消旋化。

BEt₂ (8) —i-Pr_2Zn→ ZniPr (9) ⇌ ZniPr (10) —E^+→ E (11)　（2-5）

如式（2-6）所示，1-苯基环戊烯与(−)-OpcBH$_2$（*ee* 为 99%）经硼氢化反应并重结晶后得到手性有机硼化合物 **12**（*ee* 为 94%），随后化合物 **12** 与 Et_2BH 反应（50℃，16h），再添加 i-Pr_2Zn 试剂（25℃，5h）后，异丙基取代乙基得到化合物 **13**，再经立体选择性烯丙基化以 44%的产率得到反式二取代环戊烷化合物 **14**（*ee* 为 94%；反式：顺式 = 98：2）。

1-苯基环戊烯 —(−)-OpcBH₂, Et₂O, −35℃→ **12** (BHIpc) —1.Et₂BH, 50℃, 16h; 2.i-Pr₂Zn, 25℃, 5h→ **13** (Zn(i-)Pr) —CuCN·2LiCl, 烯丙基溴, 44%→ **14**
反式:顺式(烯烃)=98:2
94% *ee*

15 —1.(−)-IpcBH₂, Et₂O; 2.Et₂BH; 3.i-Pr₂Zn→ **16** (Zn(i-)Pr) —CuCN·2LiCl, 烯丙基溴, 40%→ **17**
顺式:反式(非对映异构体)=8:92
74% *ee*

（2-6）

实验表明，利用硼锌交换反应制备的手性有机锌试剂既可以是环状的，也可以是开链的，且该类型反应具有较好的对映选择性，在手性合成中有着巨大的应用前景。如 *Z*-苯乙烯衍生物 **15** 可以转化为反式双有机锌试剂 **16**，随后再经烯丙基化反应可得到对应的反式化合物 **17**，其 *dr* 为 8 : 92。

对非活性 C—H 键的活化是近年来的研究热点。含有烯丙氢的四取代烯烃进行硼氢化反应时，如式（2-7）所示，由于热力学重排烯丙氢被活化，其具体的机理比较复杂，有文献报道其重排的原因可能是过量的硼烷起催化作用所致。

BH_3；BH_3，THF，50℃，3h；$-BH_3$；BH_3

（2-7）

通过上述方法合成的有机锌试剂在合成多取代目标分子时十分有用。如式（2-8）所示，1,2-二苯基环戊-1-烯 **18** 经硼烷硼氢化反应和 *i*-Pr_2Zn 试剂转化后得到双有机锌试剂 **19**，随后分别与苯甲酰氯、烯丙基溴和苯基溴乙炔反应，能够分别得到空间选择性较好的目标化合物 **20**～**22**。

a) BH_3/THF，50℃，3h；b) *i*-Pr_2Zn，25℃，3h；c) CuCN，LiCl；PhCOCl；Br（烯丙基溴）；Br—≡—Ph

20：100∶0，95∶5；**21**：100∶0，97∶3；**22**：100∶0，100∶0

（2-8）

2.2.4 碘锌交换反应制备有机锌试剂

利用二烃基锌对醛类化合物的催化不对称加成可在目标分子中引入新的手性中心，在化学合成、药物合成上应用广泛，因此，合成二烃基锌尤为重要。双有机锌试剂通常比有机卤化锌试剂对亲电试剂更具反应性，目前已有多种方法可用于双有机锌试剂的制备。

最古老的碘锌交换反应制备有机锌试剂的方法是将锌直接插入卤代烷（通常是烷基碘化物）中，形成烷基锌中间体，随后经蒸馏后得到液态双有机锌试剂（R_2Zn）。由于长链烷烃同系物的热稳定性较差，因此该方法仅适用于含有短链烷基链（长至己烷链）的非官能团化的双有机锌试剂的制备。满足上述情况条件下，使用 Et_2Zn 的 I/Zn 交换反应可以制备广泛的双有机锌试剂，如式（2-9）所示。交换反应的难易程度取决于新生成的双有机锌试剂的稳定性[4,7]。因此，二碘甲烷与 Et_2Zn 可在四氢呋喃中于-40℃下顺利反应，以定量的收率得到相应的乙基（碘甲基）锌试剂。CuI（摩尔分数为0.3%）的加入可催化 I/Zn 交换反应，在反应过程中形成的过量 Et_2Zn 和乙基碘化物在真空条件下蒸发后，能够以优异的产率获得对应双有机锌试剂。

$$I—CH_2—I+Et_2Zn \xrightarrow{THF，-40℃} I—CH_2—ZnEt+EtI$$

$$FG—RCH_2—I+Et_2Zn \xrightarrow[neat，25\sim50℃，2\sim20h]{CuI，(摩尔分数：0.3\%)} (FG—RCH_2)_2Zn \quad (约80\%) \tag{2-9}$$

$(\text{pinacolB—CH}_2)_2Zn$　$(Cl(CH_2)_4)_2Zn$

$(EtO_2C(CH_2)_4)_2Zn$　$(PhCH_2N(Tf)(CH_2)_4)_2Zn$

部分碘锌交换反应也可以由特定波长的光引发。例如，在1当量 Et_2Zn 存在情况下，用大于280nm的光照射烷基碘化物的二氯甲烷溶液即可以优异的产率获得相应的双有机锌试剂。此外，这类反应中使用 i-Pr_2Zn 比 Et_2Zn 更具反应性。如果需要制备具有光学活性的双有机锌，则该试剂必须不含盐。尽管如此，镁盐的存在有利于提高碘锌交换反应的速率，并且可以在温和条件下制备 RZn(*i*-Pr)(**24**)型的一系列混合双有机锌试剂，如式（2-10）所示。由于异丙基在与亲电试剂的反应中也以与第二个 R 基团相当的速率转移，因此必须添加过量的亲电试剂，但这可能会造成后处理分离困难。在这种情况下，二芳基锌类化合物则可能在非常温和的条件下使用简单直接的I/Zn交换反应来制备。

23 $\xrightarrow[\text{MgBr}_2\text{(1.5 eq)}]{i\text{-Pr}_2\text{Zn}}$ **24**

$2\text{Ar—I} + i\text{-Pr}_2\text{Zn}$ $\xrightarrow[\text{NMP/乙醚，25℃}]{\text{Li(acac)(摩尔分数：10\%)}}$ $\text{Ar}_2\text{Zn} + 2i\text{-PrI}$

ArI　i-PrI　i-PrZnAr　Li(acac)　$\text{Ar—}\bar{\text{Zn}}\text{(acac)}$　Li^+　i-Pr　i-PrI　ArI

（2-10）

锌酸盐中间体的形成增强了连接到中心锌原子的取代基的亲核反应性，并使其更容易发生碘锌交换反应，如式（2-11）所示。因此，向芳基碘化物和i-Pr_2Zn中添加催化量的Li(acac)促进了两个异丙基的转移，从而形成Ar_2Zn和2当量的i-PrI。通过该方法可以制备含有醛基（如**27**）或异硫氰酸酯基（如**28**）等高度官能化的二芳基锌试剂。

25 $\xrightarrow[\text{NMP，0℃，2h}]{i\text{-Pr}_2\text{Zn(0.55 eq)，Li(acac)(摩尔分数：10\%)}}$ **27**

26 $\xrightarrow[\text{NMP，室温，3h}]{i\text{-Pr}_2\text{Zn(0.55 eq)，Li(acac)(摩尔分数：10\%)}}$ **28**

（2-11）

混合双有机锌试剂（指双有机锌试剂中的两个有机基团不相同）是合成上有用的中间体，特别是附着在锌上的某一个基团的转移能力明显高于另外一个基团时。如三甲基硅基甲基对大多数亲电试剂无反应活性，起着惰性配体的作用。因此，在许多情况下，与锌相连的第二个基团优先转移是可能的。例如，4-氯丁基碘化锌与 Me_3SiC_2Li 在四氢呋喃中于-78℃反应可合成混合双有机锌试剂 **29**，该试剂在 THF/NMP 混合物溶液中易与丙烯酸丁酯进行 Michael 加成反应，如式（2-12）所示。

$$Cl(CH_2)_4ZnI \xrightarrow[\text{THF, }-78℃]{Me_3SiCH_2Li} \underset{\mathbf{29}}{Cl(CH_2)_4ZnCH_2SiMe_3} \xrightarrow[\text{室温, 12h}]{\text{TMSCl, THF/NMP}} \underset{\mathbf{30}}{Cl(CH_2)_7CO_2Bu} \tag{2-12}$$

（丙烯酸丁酯 $CH_2{=}CHCO_2Bu$ 参与第二步反应）

除上述碘锌交换反应制备有机锌试剂外，钯催化下的碘锌交换反应也可在温和条件下进行，铜催化下制备的二烃基锌也是一类良好的能与醛类化合物发生亲核加成反应的试剂。多氟代碘化物 CF_3I 和 C_6F_5I 在路易斯碱存在下，也能与二烃基锌反应，分别生成 $(CF_3)_2Zn$ 和 $(C_6F_5)_2Zn$。但更高级的多氟代碘化物不发生此碘锌交换反应。

2.2.5　亚甲基插入反应制备有机锌铜试剂

利用 ICH_2ZnI 试剂选择性地插入有机铜化合物的 C—Cu 键，能以高产率将各种铜衍生物 Nu—Cu 转化成有机锌铜试剂 $NuCH_2Cu \cdot ZnI_2$，应用该类方法可以制备增加一个碳原子的有机锌试剂，如式（2-13）所示。该类反应的历程可能是亲核试剂从铜到碳的1,2-迁移并伴随自动脱去碘离子。该类反应中使用的有机铜试剂为一价铜化合物，相应的官能团包括简单的氰基及各种烷基、烯烃及炔烃基团等[15-16]。

$$Nu—Cu + I—CH_2—ZnI \longrightarrow Nu—CH_2—Cu—ZnI_2 \tag{2-13}$$

Nu═CH，CH(R)CN，NR_2，Ar，S-烷基，2-噻吩基，炔基，烯基

其中，利用该类反应可以方便地将烯基铜（**31**）和炔基铜（**32**）分别转化成烯丙基（**36**）和炔丙基锌铜（**37**）试剂，如式（2-14）所示，而活性更高的格氏试剂、有机锂试剂及其他种类的有机锌试剂均不能用于这类亚甲基的插入反应。制备得到的烯丙基和炔丙基锌铜试剂是应用十分广泛的官能团化有机锌试剂，如式（2-14）所示，烯基铜化合物（**33**、**34**）分别与 ICH_2ZnI 试剂反应，得到对应的烯丙基中间体（**38**、**39**），随后再分别与羰基化合物反应，可得到对应的羟基化合物（**41**、**42**）；类似地，炔基铜化合

物 **35** 与 ICH_2ZnI 试剂反应可得到炔丙基铜锌中间体 **40**，随后与糖基化合物反应即可得到对应的羟基化合物 **43**。

$$R^2(H)C=C(R^1)Cu + ICH_2ZnI \longrightarrow R^2(H)C=C(R^1)CH_2Cu\cdot ZnI_2$$
31 → **36**

$$R^1-C\equiv C-Cu + ICH_2ZnI \xrightarrow[-60\sim 0^\circ C]{THF} R^1-C\equiv C-CH_2Cu\cdot ZnI_2$$
32 → **37**

Me_2PhSi **33** $\xrightarrow{ICH_2ZnI}$ Me_2PhSi…$Cu\cdot ZnI_2$ **38** → **41** (环戊酮; HO)

Et_2N **34** $\xrightarrow{ICH_2ZnI}$ Et_2N…$Cu\cdot ZnI_2$ **39** $\xrightarrow{RCHO}$ Et_2N…(OH)R **42**

$R^1-\equiv-Cu$ **35** $\xrightarrow{ICH_2ZnI}$ R^1…$Cu\cdot ZnI_2$ **40** $\xrightarrow{R^2C(O)R^3}$ R^1…R^2, R^2 OH **43**

（2-14）

2.2.6　锂锌交换反应制备有机锌试剂

有机锂因为其很好的反应活性易与 Zn(Ⅱ) 盐发生金属交换反应，转化成稳定的官能团化有机锌试剂，在制备有机锌试剂时得到广泛的应用。

烷基锂试剂具有非常高的反应活性，因此绝大部分官能团不能存在于该类试剂中，这在一定程度上限制了该类试剂的应用范围。尽管如此，烯基和芳基锂试剂由于活性较烷基锂试剂低，因此部分官能团可存在于烯基和芳基锂试剂中（如硝基、氰基、酯基、卤素、砜等基团），虽然这些试剂的稳定性有限且只能与少数几种亲电试剂反应，但烯基和芳基锂试剂经锌盐处理后，可对应生成稳定性大大提高的烯基和芳基锌试剂，从而方便地用于后续反应，见式（2-15）。此外，由于直接制备卤化烯基锌或卤化芳基锌有较大的难度，而烯基锂和芳基锂较易制备，因此，该类方法具有十分重要的意义[17-19]。如式（2-15）所示，含有叠氮基或硝基的烷基卤化物 **44**，无法直接通过金属锌与其进行插入反应制备相应的烷基锌试剂，但可将化合物 **44** 先与丁基锂试剂反应得到对应的锂试剂 **45**，随后再与卤化锌反应，即可得到带有叠氮基或硝基的烷基锌试剂 **46**。

$$\text{FG-}C_6H_4\text{-X} \xrightarrow[-100℃,\ 3min]{BuLi,\ THF/Et_2O/n\text{-}C_5H_{12}} \text{FG-}C_6H_4\text{-Li} \xrightarrow[-100℃]{ZnX_2/THF} \text{FG-}C_6H_4\text{-ZnX}$$

FG = COOR，CN，Cl，N_3，NO_2

$$\underset{\mathbf{44}}{R(CH_2)_5I} \xrightarrow[3min]{BuLi,\ -100℃} \underset{\mathbf{45}}{R(CH_2)_5Li} \xrightarrow[-100℃]{ZnX_2/THF} \underset{\mathbf{46}}{R(CH_2)_5ZnX} \tag{2-15}$$

R=N_3，NO_2

2.2.7 汞锌交换反应制备有机锌试剂

1864 年，Frankland 发现双有机汞试剂与金属锌之间可以发生交换反应制备有机锌试剂。应用该类反应可以制备各种官能团化双有机锌试剂，如式（2-16）所示。科学家们还将所得的双有机锌试剂用于制备仲醇[4]。

$$(FG—R)_2Hg + Zn \xrightarrow[110℃,\ 3\sim5h]{甲苯} (FG—R)_2Zn + Hg(0) \tag{2-16}$$

该类交换反应一般使用甲苯作溶剂，110℃下反应几小时即可完成；若向反应体系中加入 ZnX_2，THF 作溶剂，60℃下反应在 2h 内结束。该类型反应所需的双有机汞试剂可由式（2-17）方法制备：

$$FG—RCu(CN)ZnI + (ICH_2)_2Hg \xrightarrow[-60℃,\ 15h]{DMF/THF} \underset{74\%\sim98\%}{(FG—RCH_2)_2Hg}$$

$$FG—RZnI + Hg_2Cl_2 \xrightarrow[2h]{THF,\ -50\sim20℃} \underset{61\%\sim89\%}{(FG—R)_2Hg} \tag{2-17}$$

应用该类方法虽然可以制备各种官能团化的双有机锌试剂，但是其起始原料双有机汞本身需用有机锌试剂制备，所以通过此法制备双有机锌路线过长、成本也较高。但是在合成某些特殊结构的目标分子时，相比使用常规的试剂来说，使用该类方法合成相应的有机锌试剂也有一定的必要性。

2.2.8 重排反应制备溴化烯丙基锌试剂

溴化烯丙基锌化合物具有很高的反应活性，能够与多种有机亲电体发生反应。常规制备该类化合物的方法是金属锌对卤化物的插入反应，在前面已有介绍。这里介绍一种新的制备溴化烯丙基锌的方法，即重排反应，如式（2-18）所示。

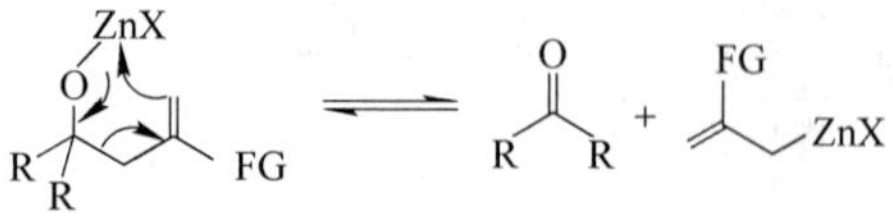

(2-18)

反应的动力源自键的断裂减少了空间位阻以及生成了酮类化合物。生成的卤化烯丙基锌在有机亲电体存在下发生烯丙化反应生成相应的产物 **48**~**51**，如式（2-19）所示。

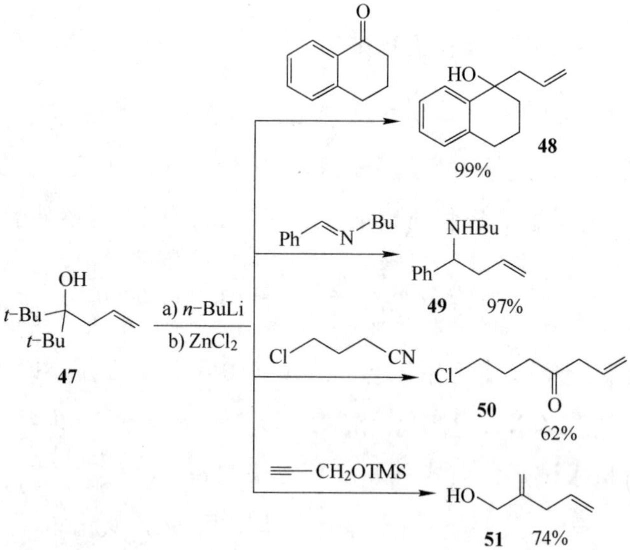

(2-19)

通过该类方法制备有机锌试剂构思巧妙，所得到的目标分子结构多样，其是合成中间体和目标分子有用的方法之一。

2.2.9　卤化锌与有机锆反应制备有机锌试剂

有机锌试剂也可以用有机锆试剂转化得到。Ichikawa 和 Minami 已经成功地将有机锆应用于制备相应的有机锌化合物的反应中，即使用二茂锆与二氟烯氧基化合物 **52** 反应，再经 ZnI_2 处理，即可得到二氟烯基锌试剂 **53**，该有机锌试剂可进一步应用于 Pd 催化的偶联反应。Wipf 也成功地把这一方法应用到（+）-Curacin A 的全合成中[20]，即带有官能团的长链炔烃可与二茂锆单氯化物 **54** 在二氯甲烷中反应，得到相应的有机锌中间体 **55**，随后进一步依次与二乙基锌、反式-2-甲基-2-丁烯醛反应，即可得到合成（+）-Curacin A 的关键中间体 **56**，如式（2-20）所示。

$F_2C{=}C(OTs)H$ (**52**) $\xrightarrow[2)\ ZnI_2]{1)\ Cp_2Zr}$ $F_2C{=}C(ZnI)H$ (**53**)

54 (OSBDP) $\xrightarrow[CH_2Cl_2,\ 21℃]{Cp_2Zr(H)Cl}$ **55** (OSBDP, $Zn(Cl)Cp_2$) $\xrightarrow[2)\ H\text{–}C(=O)\text{–}C(CH_3)=CHCH_3]{1)\ Et_2Zn,\ -60℃}$ **56** (OSBDP, OH)

(2-20)

2.2.10 电化学方法制备有机锌试剂

电化学方法和金属锌蒸汽法也可以用于制备官能团化有机锌试剂。如使用金属锌为阳极的电化学电池，在以吡啶为配体的卤化钴存在下，于乙腈或DMF溶剂中通过电解还原芳基氯化物或芳基溴化物，可以高收率制备芳基锌卤试剂，如式（2-21）所示[21]。

$$\text{X–C}_6\text{H}_4\text{–FG} \xrightarrow[\text{过量Zn，室温；DMF/吡啶(体积比为9:1)}]{CoCl_2,\ 0.1\ eq;\ ZnBr_2,\ 0.3\ eq} \text{XZn–C}_6\text{H}_4\text{–FG} \qquad (2\text{-}21)$$

在大多数情况下，上述电化学方法制备芳基锌试剂使用简单的钴卤化物活化芳基卤化物，其结果优于使用镍-联吡啶配合物的活化作用，对应的活性配合物由$CoCl_2$与吡啶反应原位生成，反应所需的锌盐则由锌阳极氧化提供。CH_3CN可代替DMF用作溶剂。因此，通过电化学方法能够在简单温和的条件下以高产率制备有机锌试剂，特别适用于含有吸电子取代基的卤代芳烃制备相应的卤化芳基锌。

2.2.11 超声法制备有机锌试剂

在超声波作用下，烷基、烯基或芳基溴与金属锂、ZnX_2直接反应可以制备二烷基锌和二芳基锌试剂，该类方法在制备有机锌试剂时具有潜在的应用价值，如式（2-22）所示。

$$R\text{—}Br \xrightarrow[\text{超声}]{Li/ZnBr_2/Et_2O,\ 25℃,\ 0.5h} R_2Zn \qquad (2\text{-}22)$$

R=烷基，烯基，芳基

应用该类方法制备有机锌试剂反应条件温和，得到的有机锌试剂反应活性较高，应用广泛。

2.3 小 结

本章从溴化锌与格氏试剂反应、金属锌对卤代物的插入反应、硼锌交换反应、碘锌交换反应、亚甲基插入反应、锂锌交换反应、汞锌交换反应、重排反应、卤化锌与有机锆反应、电化学法、超声法 11 个方面分别介绍了有机锌试剂的合成[7,22]。随着有机化学的发展，新的合成方法不断涌现，由于目标分子的结构更具多样性和复杂性，在有机锌领域，要使合成方法符合原子经济学、绿色化学的要求，发展新的制备官能团化有机锌试剂的方法仍然是现在及将来有机化学的任务之一[23-29]。

参 考 文 献

[1] YI Y, HANG W, XI C. Recent Advance of Transition-Metal-Catalyzed Tandem Carboxylation Reaction of Unsaturated Hydrocarbons with Organometallic Reagents and CO_2 [J]. Chin. J. Org. Chem., 2021, 41: 80.

[2] ZHAO B, ROGGE T, ACKERMANN L, et al. Metal-catalysed C-Het (F, O, S, N) and C—C bond arylation [J]. Chem. Soc. Rev, 2021, 5: 8903-8953.

[3] DORVAL C, DUBOIS E, BOURNE BRANCHU Y, et al. Sequential Organozinc Formation and Negishi Cross-Coupling of Amides Catalysed by Cobalt Salt [J]. Adv. Synth. Catal., 2019, 361: 1777-1780.

[4] KNOCHEL P, SINGER R D. Preparation and reactions of polyfunctional organozinc reagents in organic synthesis [J]. Chem. Rev., 1993, 93: 2117-2188.

[5] TEIXEIRA W K O, DE ALBUQUERQUE D Y, NARAYANAPERUMAL S, et al. Recent Advances in the Synthesis of Enantiomerically Enriched Diaryl, Aryl Heteroaryl, and Diheteroaryl Alcohols through Addition of Organometallic Reagents to Carbonyl Compounds [J]. Synthesis, 2020, 52: 1855-1873.

[6] MURAKAMI K, YORIMITSU H. Recent advances in transition-metal-catalyzed intermolecular carbomagnesiation and carbozincation [J]. Beilstein J. Org. Chem., 2013, 9: 278-302.

[7] BOUDIER A, BROMM L O, LOTZ M, et al. New Applications of Polyfunctional Organometallic Compounds in Organic Synthesis [J]. Angew. Chem. Int. Ed., 2000, 39: 4414-4435.

[8] ERDIK E, KOCOĞLU M. A brief survey on the copper-catalyzed allylation of alkylzinc and Grignard reagents under Barbier conditions [J]. Appl. Organomet. Chem., 2006, 20:

290-294.

[9] UNGER R, COHEN T, MAREK I. New Tandem Zn-Promoted Brook Rearrangement/Ene-Allene Carbocyclization Reactions [J]. Org. Lett., 2005, 7: 5313-5316.

[10] BOUDET N, SASE S, SINHA P, et al. Directed Ortho Insertion (DoI): A New Approach to Functionalized Aryl and Heteroaryl Zinc Reagents [J]. J. Am. Chem. Soc., 2007, 129: 12358-12359.

[11] FILLON H, GOSMINI C, PÉRICHON J. New Chemical Synthesis of Functionalized Arylzinc Compounds from Aromatic or Thienyl Bromides under Mild Conditions Using a Simple Cobalt Catalyst and Zinc Dust [J]. J. Am. Chem. Soc., 2003, 125: 3867-3870.

[12] HUO S. Highly Efficient, General Procedure for the Preparation of Alkylzinc Reagents from Unactivated Alkyl Bromides and Chlorides [J]. Org. Lett., 2003, 5: 423-425.

[13] CHARETTE A B, BEAUCHEMIN A, MARCOUX J. Photoinduced Synthesis of Diorganozinc and Organozinc Iodide Reagents [J]. J. Am. Chem. Soc., 1998, 120: 5114-5115.

[14] VYVYAN J R, LOITZ C, LOOPER R E, et al. Synthesis of Aromatic Bisabolene Natural Products via Palladium-Catalyzed Cross-Couplings of Organozinc Reagents [J]. J. Org. Chem., 2004, 69: 2461-2468.

[15] REEDER M R, GLEAVES H E, HOOVER S A, et al. An Improved Method for the Palladium Cross-Coupling Reaction of Oxazol-2-ylzinc Derivatives with Aryl Bromides [J]. Org. Process Res. Dev., 2003, 7: 696-699.

[16] CHOU T S, KNOCHEL P. A general preparation of highly functionalized zinc and copper organometallics at the. alpha. -position to an oxygen [J]. J. Org. Chem., 1990, 55: 4791-4793.

[17] KLEMENT I, ROTTLÄNDER M, TUCKER C E, et al. Preparation of Polyfunctional Aryl and Alkenyl Zinc Halides from Functionalized Unsaturated Organolithiums and Their Reactivity in Cross-Coupling and Conjugated Addition Reactions [J]. Tetrahedron, 1996, 52: 7201-7220.

[18] LANGER F, KNOCHEL P. A new efficient preparation of polyfunctional phosphines using zinc organometallics [J]. Tetrahedron Lett., 1995, 36: 4591-4594.

[19] VISEUX E M, PARSONS P J, PAVEY J B. New Observations in Organozinc Chemistry: Control of Relative Stereo-chemistry in Reactions of Silicon Substituted Alkenylzinc Reagents [J]. Synlett, 2003 (6): 861-863.

[20] WIPF P, XU W. Total Synthesis of the Antimitotic Marine Natural Product (+)-Curacin A

[J]. J. Org. Chem., 1996, 61: 6556-6562.

[21] GOSMINI C, ROLLIN Y, NÉDÉLEC J Y. et al. New Efficient Preparation of Arylzinc Compounds from Aryl Halides Using Cobalt Catalysis and Sacrificial Anode Process [J]. J. Org. Chem., 2000, 65: 6024-6026.

[22] RAPPOPORT Z, MAREK I. The Chemistry of Organozinc Compounds: R-Zn [M]. New York: John Wiley & Sons, 2006.

[23] ENTHALER S, WU X. Zinc Catalysis: Applications in Organic Synthesis [M]. Weinheim: Wiley-VCH Verlag CmbH & Co. KCaA, 2015.

[24] ZHU H, DRIVER T G. Recent Advances to Mediate Reductive Processes of Nitroarenes Using Single-Electron Transfer, Organomagnesium, or Organozinc Reagents [J]. Synthesis, 2022, 54: 3142-3161.

[25] LIU X, WANG J, LI J. Versatile OPiv-Supported Organozinc Reagents for Transition-Metal-Catalyzed Cross-Couplings [J]. Synlett, 2022, 33 (17): 1688-1694.

[26] BARUAH B, DEB M L. Alkylation of Electron-Deficient Olefins through Conjugate Addition of Organozinc Reagents: An Update [J]. Eur. J. Org. Chem., 2021, 2021 (42): 5756-5766.

[27] LAZZAROTTO M, HARTMANN P, PLETZ J, et al. Asymmetric Allylation Catalyzed by Chiral Phosphoric Acids: Stereoselective Synthesis of Tertiary Alcohols and a Reagent-Based Switch in Stereopreference [J]. Adv. Synth. Catal., 2021, 363: 3138-3143.

[28] CHANDRASEKARAN R, PULIKKOTTIL F T, ELAMA K S, et al. Direct synthesis and applications of solid silylzinc reagents [J]. Chem. Sci., 2021, 12: 15719-15726.

[29] MONDAL B, ROY U K. Making and breaking of Zn-C bonds in the cases of allyl and propargyl organozincs [J]. Tetrahedron, 2021, 90: 132169.

3 有机锌试剂在常规合成中的应用

3.1 引 言

从有机锌试剂被成功合成以来，化学家们一直致力于有机锌试剂在合成中的应用研究[1-10]。与格氏试剂和有机锂试剂类似，有机锌试剂也可广泛应用于有机合成、药物合成及材料合成等领域。有机锌试剂可以参与的反应种类也十分多样，常见的反应有取代反应、加成反应、成环反应等多种类型[11-16]，鉴于有机锌试剂应用的广泛程度，本章将主要介绍上述所列几种常规的反应类型。

3.2 取代反应

有机锌试剂可参与取代反应，在单键、双键上引入所需官能团，因此被广泛应用于有机化学、药物化学、生物化学等领域中一些具有特殊结构物质的合成[17-18]，如烯烃（单烯烃，共轭二烯）的多取代，羰基 α 位的烃基化，偶联反应等[19-31]。本节将从饱和碳、碳碳双键、碳氧双键、碳氮双键的取代反应四个方面介绍有机锌试剂的取代反应[21,32-35]。

3.2.1 饱和碳上的取代反应

饱和碳上连有卤素、腈基、酯基等较易离去的基团时，通常易与有机锌试剂发生亲核取代反应，形成 C—C 单键。与传统形成 C—C 单键的方法相比，在过渡金属（一般用钯或镍）和适当配体催化下，利用有机锌试剂可以简便、高效、高选择性地合成得到目标产物。按照取代反应发生的位置以及反应类型，单键上的取代反应又可以分为如下类型：（1）一般饱和碳上的取代反应。（2）烯丙位反应。

3.2.1.1 一般饱和碳上的取代反应

有机锌应用于该类型的取代反应较多，饱和碳上连有易离去基团的化合物，在与有机锌试剂发生反应时，易离去基团直接被有机锌试剂的亲核部分取代得到相应的取代产物，如式（3-1）所示。

$$R^1-C(R^3)(R^4)-X \xrightarrow[\text{一定反应条件}]{R^2—ZnX\text{或}R^2{}_2Zn} R^1-C(R^3)(R^4)-R^2 \tag{3-1}$$

R^1，R^3，R^4=H，R′N═CR″−，烷基，炔基，烯丙基，苄基，酰基等

R^2=烷基，烯基，炔基，苄基，芳基等

X=Br，Cl，OAc，CN等

Terao在以镍或钯催化的基础上，在反应中添加了1,3,8,10-四烯类化合物（1,3,8,10-tetraenes），如式（3-2）所示。实验显示，在镍或钯催化下，与丁二烯相比，具有此类四烯结构的化合物对有机锌试剂与烷基卤化物的类偶联反应具有显著提高产率的作用（0~70%→80%~100%）[36-37]。

$$R^1—Br \xrightarrow[\text{THF，NMP，25℃}]{R^2{}_2Zn，MgBr_2，NiCl_2/UDC(\text{催化量})} R^1—R^2 \tag{3-2}$$

	R^1	R^2	产率
a)	R^1:—$(CH_2)_4CN$	R^2:—$(CH_2)_7Me$	96%
b)	R^1:—$(CH_2)_4CONEt_2$	R^2:—$(CH_2)_2Ph$	91%
c)	R^1:—$(CH_2)_4COOEt$	R^2:—Pr	87%
d)	R^1:—$(CH_2)_9Me$	R^2:—Ph	79%
e)	R^1:—Pr	R^2:—Ph	86%

COOMe
COOMe
UDC

3.2.1.2 烯丙位反应

该类型反应的特点是烯丙基锌试剂参与的单键上的取代反应以及易离去基团位于底物的烯丙位。烯丙位连接有易离去基团的化合物，在受到亲核试剂的进攻时，由于双键可以发生共振，可能形成烯丙位离去基团直接被取代和双键移位取代这两种产物。

A 烯丙基锌试剂

烯丙基锌由于其烯丙基具有较高的活性而易于制备和使用，因而是研究得较早并广泛使用的有机锌试剂。当化合物中含有较易离去的基团且在空间结构允许的情况下，卤化烯丙基锌很容易与之发生如式（3-3）所示的取代反应。

$$R^1R^3R^4C{-}X \xrightarrow[\text{一定反应条件}]{R^5R^6C{=}CHCH_2ZnBr} R^1R^3R^4C{-}CH_2CH{=}CR^5R^6 \quad (3\text{-}3)$$

R^1，R^3，R^4，R^5，R^6=H，R′N═CR″–，烷基，炔基，烯丙基，苄基，酰基等

X=Br，Cl，OAc，CN等

含 N 杂环的部分天然产物因其含 N 杂环特殊的物理化学性质而广泛应用于临床，且许多具有生物活性的也含有简单的哌啶环。Schuffenhauer 等人在高选择性地合成取代哌啶类化合物时，就使用了式（3-4）的有机锌试剂[38]。

1 → 4：1) AgOTf；2) 烯丙基ZnBr；81%(1∶1)

2 → 5：1) AgOTf；2) 烯丙基ZnBr；79%(10∶1)　（3-4）

3 → 6：1) AgOTf；2) 烯丙基ZnBr；73%(1∶1)

(a) $R^2 = CH_3$；$R^3 = H$　(b) $R^3 = CH_3$；$R^2 = H$

化合物 **1~3** 六元环上含有腈基，但是其余部分含有酯基，相比而言，卤化烯丙基锌更容易取代腈基生成目标产物[38]。

B　卤化烃基锌试剂

烯丙位连接有易离去基团的化合物，在受到亲核试剂的进攻时，因双键可发生共振，可能形成烯丙位离去基团直接被取代和双键移位取代这两种产物。研究较多的具有这种结构的化合物包括开链烯烃、环状烯烃。

a　开链烯烃

烯丙位连接有易离去基团的开链烯烃与有机锌试剂发生取代反应，既可以生成易离去基团直接被取代的产物，也可以生成双键移位的产物。

Fu 等人研究了在镍催化下烯丙基氯与有机锌试剂发生的取代反应，这类

反应中使用了特殊结构的催化剂，如式（3-5）所示。实验结果显示，烯丙基氯和有机锌试剂的结构对反应的产率及 *ee* 值有一定的影响，但是变化规律尚不明显[39]。

Cl
R^1 R^3 + RZnBr
R^2
外消旋化合物

5.5%配体
5.0%$NiCl_2$，乙二醇二甲醚
4.0 eq NaCl
DMA/DMF(1∶1)，−10℃

R
R^1 R^3
R^2

（3-5）

配体：O N N N O Bn Bn

Studte 等人研究了烯丙位连有酯基的化合物与有机锌试剂发生的取代反应。该小组还做了有机锌试剂与有机镁试剂的对比实验，如式（3-6）所示。

PPh_2 O O Et Me **7**

0.5CuBr，SMe_2
1.1RMgX/Et_2O
Et_2O，室温

R Et Me **9**

H_2O_2 定量

（3-6）

O PPh_2 O O Et Me **8**

1.2CuCN，2LiCl
2.4R_2Zn
THF，−30~0℃，2.5h

R Et Me **10**

实验表明，同一种底物，在反应条件不同时，有机锌试剂和有机镁试剂得到的是对映异构体，且各自的 *ee* 值都比较好。这类型反应的研究使得人们可以方便地控制烯丙位取代的对映选择性，具有重要的实际意义[40]。手性铜复合物催化剂以及多种配体对该类型反应的影响也是研究的热点之一[41-42]。

b 环状烯烃

含有环状烯烃结构的五元环的相关研究较多，且绝大多数研究集中在具有内消旋结构的化合物。由于内消旋结构的对称性，有机锌试剂可以等量地从两个位置进攻底物，所以选择合适的配体添加物对该类反应的产率和 *ee* 值有明显的影响。常用的配体添加物有 3 种（**11**～**13**），如图 3-1 所示。

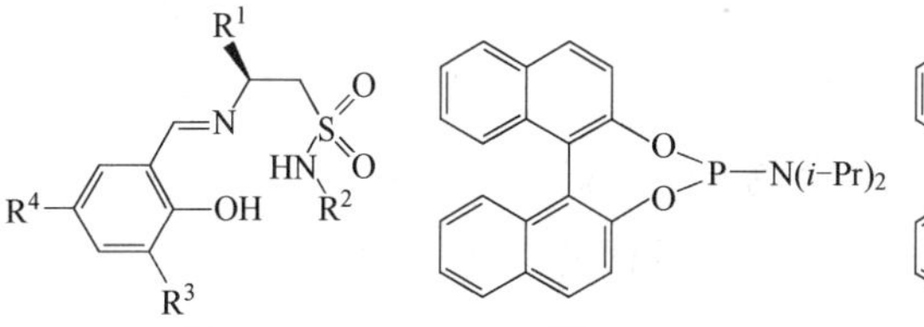

R^1, R^2, R^3, R^4, N, S, O, HN, OH; O, P, $N(i\text{-}Pr)_2$; O, P, N, R^5, R^6

11 **12** **13**

图 3-1 常用的配体添加物

席弗碱类化合物 **11** 一般适用于五元环的去对称化的取代反应。而亚磷酰胺类化合物 **12**、**13** 在六元环、七元环的该类反应中较化合物 **11** 能够给出更高的产率。

实验结果表明，该类反应的产率中等，当选用不同的配体添加物时，其 *ee* 值有较大的变化[43-44]。磷酸三酯以及醋酸酯结构由于其较强的离去能力，是这类型反应中用得最多的基团，见式（3-7）。而烯丙位连接醚键的六元环烯，虽然氧的离去能力不强，但是由于该类结构的环张力作用，使得反应也可以较好地进行，如式（3-8）所示[45-48]。

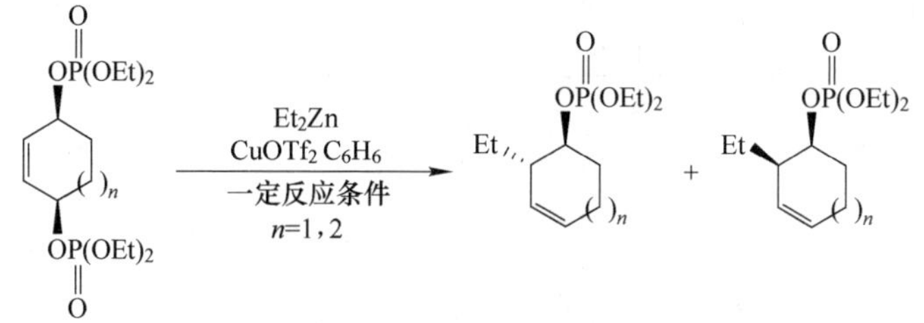

O, $OP(OEt)_2$, $OP(OEt)_2$, O, $(\ )_n$ —— Et_2Zn, $CuOTf_2$ C_6H_6, 一定反应条件, n=1,2 → O, $OP(OEt)_2$, Et, $(\ )_n$ + O, $OP(OEt)_2$, Et, $(\ )_n$ （3-7）

R^6, R^5, R^4, ZnBr, **14** —— R^2, R^1, O, R^3, R^2, R^1, R^3; $Pd(CH_3CN)_2Cl_2$，配体, CH_2Cl_2，10℃ → R^1, R^3, OH, R^6, R^2, R^5, R^2, R^4, R^1, R^3, **15** （3-8）

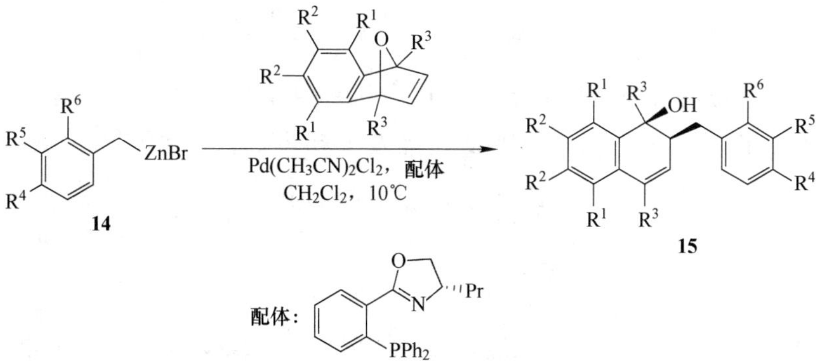

配体：O, N, Pr, PPh_2

c 丙二烯转化成顺式共轭二烯

有机锌试剂与丙二烯类化合物反应，可得到顺式共轭二烯类化合物。该类型反应也可看作是双键发生移位的烯丙位反应。

有机合成中，合成多取代的 1,3-二烯具有较大的难度。此外，1,3-二烯还是 D-A 反应有用的底物，也是许多天然生物活性物质的结构单元（见图 3-2）。虽已有一系列方法通过形成 sp2—sp2 C—C 键制备 1,3-二烯，但是这些方法在合成结构复杂的化合物时并不总是能够成功。

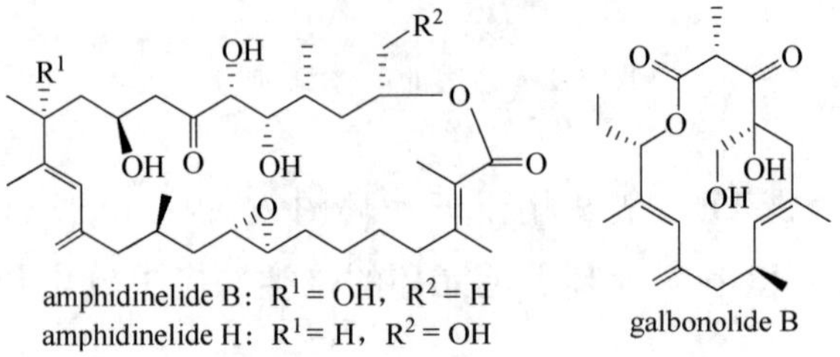

amphidinelide B：R^1 = OH，R^2 = H
amphidinelide H：R^1 = H，R^2 = OH
galbonolide B

图 3-2　1,3-二烯

钯催化下，α-丙二烯基醋酸酯与有机金属试剂偶联反应形成多取代 E-1,3-二烯的方法如式（3-9）所示，该类方法也适用于其他的丙二烯类化合物[49]。

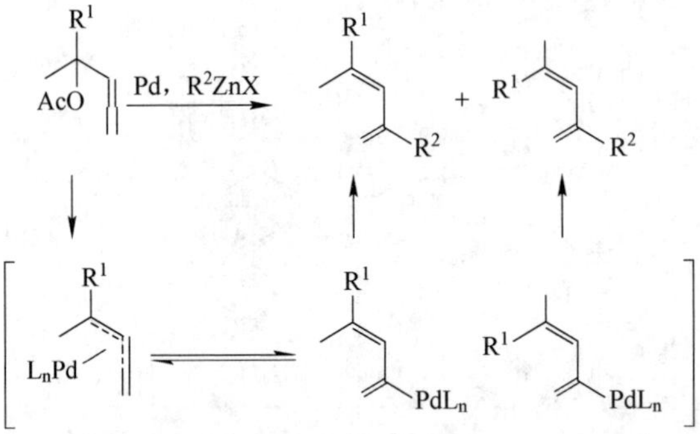

（3-9）

通过烯丙位的反应可以看出，使用有机锌试剂可以通过 3 种方法实现合成含烯丙基的目标化合物，特别是双键发生移位的这一类反应，构思巧妙，在合成许多天然产物及结构复杂的化合物时应用广泛。

3.2.2　碳碳双键上的取代反应

一般来说，双键易发生加成反应而难以发生取代反应，因此不易直接在双键上引入目标官能团。应用有机锌试剂则可克服这一难题，能便捷地在双键的指定位置引入所需官能团，如式（3-10）所示，从而缩短部分有机化合物的合成路线，大大节省时间和成本，这是近年来研究的热点之一。

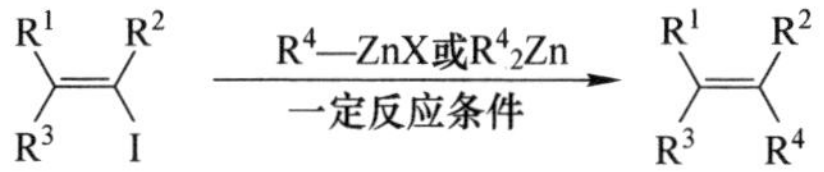

R^1，R^2，R^3=H，R'N═CR''-，卤素，烷基，炔基，烯丙基，苄基，酰基等

R^4=烷基，烯基，炔基，苄基，芳基等

(3-10)

多取代的共轭二烯，特别是一些（Z）-三取代或四取代的共轭二烯仍然是有机合成的一个难题。黏细菌生物活性物质 **16** 含有一个共轭三烯片段，其中 $C_9\sim C_{12}$是（Z，Z）-1,1,3,4-四取代 1,3-二烯，并且 C_9邻近的 C_8为含甲基的手性 C，这种例子是十分稀有的，见式（3-11）。

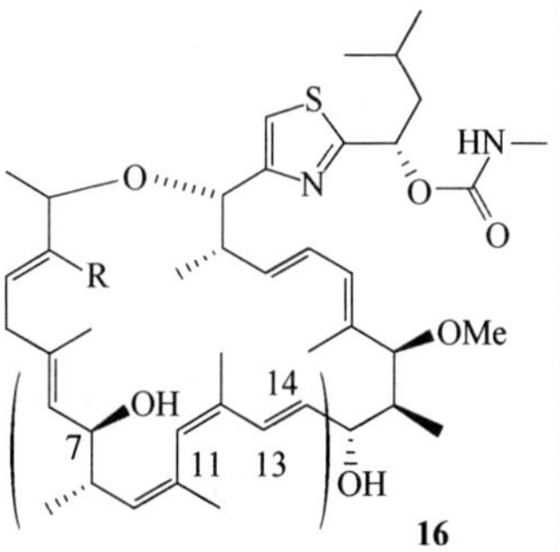

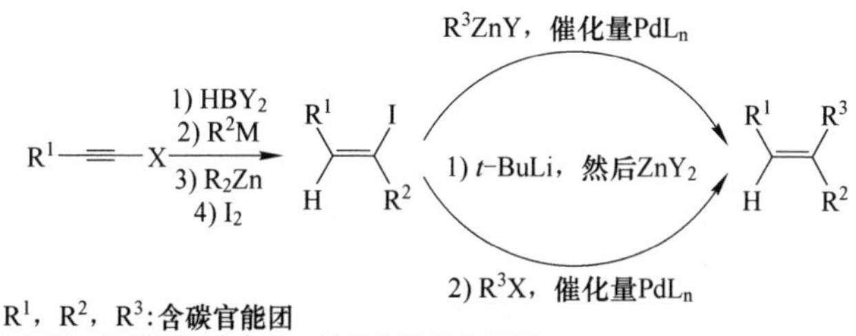

R^1，R^2，R^3：含碳官能团

M：锂、锌等金属或含锂、锌等金属的官能团

X：溴或碘等卤素

Y：卤素，碳和氧等基团

(3-11)

虽已有方法合成该种片段，但合成难度极大。2007 年，Huang 等人利用 1-溴-1-炔类化合物经硼氢化、催化条件下与有机锌化合物反应，高立体区域选择性地合成了（Z）-三取代烯烃。

利用不同的含硼烷烃 HBY_2及有机锌化合物可以合成不同的（Z）-三取代烯烃，随着取代基的不同，反应的产率也呈现出较大差异[50]。一些 1,1-二取代乙烯在含钯化合物催化下，与有机锌化合物反应，可得到相应的 1,1-二取代乙烯或者 1,2-二取代乙烯化合物，见式（3-12）[51]。

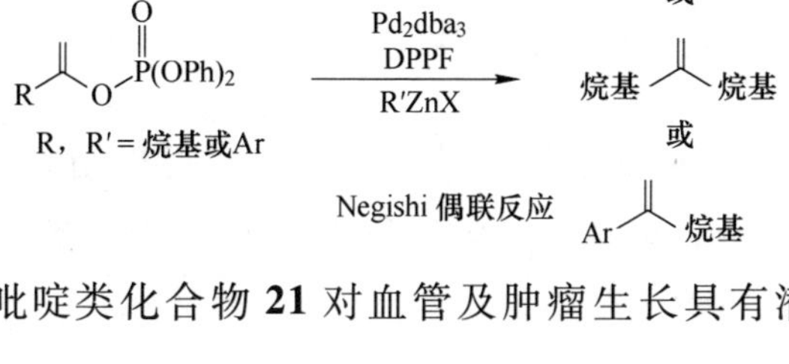

R，R' = 烷基或Ar

(3-12)

咪唑-噻吩并吡啶类化合物 **21** 对血管及肿瘤生长具有潜在的抑制作用。

在大量合成该类化合物时，也可以使用有机锌化合物 **18**，见式（3-13）[52]。

$$\mathbf{19} \xrightarrow[\text{Pd(Ph}_3\text{P)}_4\text{/THF}]{\mathbf{18}} \mathbf{20} \longrightarrow \longrightarrow \mathbf{21} \qquad \mathbf{17} \xrightarrow[\text{ZnCl}_2\text{/THF}]{\text{sec-BuLi}} \mathbf{18}$$

（3-13）

取代反应是有机化学中最重要的反应类型之一，有机锌试剂的应用既拓展了取代反应，又使许多物质的合成简单易行，将来有机锌试剂仍然是该类研究与应用的一个热点。

3.2.3　碳氧双键上的取代反应

羰基上连有易离去基团时，也可与有机锌试剂发生取代反应。常见的这类型化合物有硫酯、酸酐、酰卤等。利用这类化合物与有机锌试剂反应，可以制备不同类型的酮类化合物，见式（3-14）。

$$R^1COX \xrightarrow[\text{一定反应条件}]{R^2\text{—ZnX或}R^2{}_2\text{Zn}} R^1COR^2 \qquad (3\text{-}14)$$

X=SR^3，OR^3，OAc，卤素等
R^1，R^2，R^3=R′N═CR″-，烷基，炔基，烯丙基，苄基，酰基等

Seki 等人研究了在 Pd/C 非均相催化或 Pd(OAc)$_2$均相催化下，硫酯与碘化烷基锌或二烷基锌的偶联反应见式（3-15）。实验显示，运用此类反应可以高效、简单地由硫酯类化合物制备一系列重要的多功能酮类化合物。而且这类反应所用的催化剂易与产品分离并能回收循环利用，因而得到了广泛的应用[53]。

$$R^1COSR^2 \xrightarrow[\text{THF，DMF，甲苯}]{Et_2Zn\text{，}Zn\text{，}Br_2\text{，}Pd/C} R^1COEt \qquad (3\text{-}15)$$

开链的酸酐在钯催化下，与有机锌试剂偶联可以制备对称/不对称的酮类化合物，见式（3-16）。这类反应的研究使人们可以方便地从羧酸和它们的盐中制备对称/不对称的酮类化合物[38,54]。

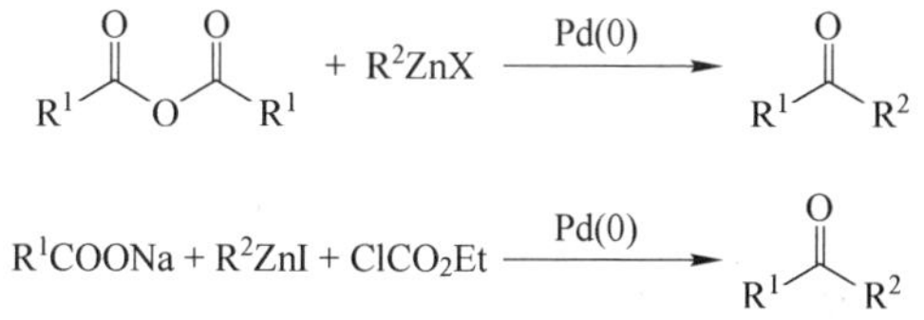

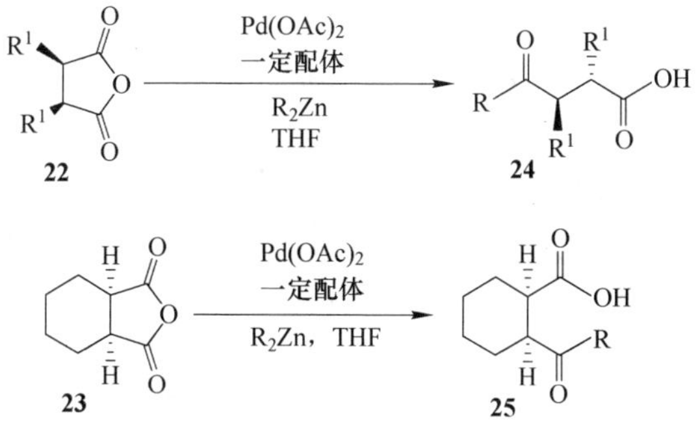

$$R^1COOCOR^1 + R^2ZnX \xrightarrow{Pd(0)} R^1COR^2$$

$$R^1COONa + R^2ZnI + ClCO_2Et \xrightarrow{Pd(0)} R^1COR^2$$

22 → 24：$Pd(OAc)_2$，一定配体，R_2Zn，THF

23 → 25：$Pd(OAc)_2$，一定配体，R_2Zn，THF

(3-16)

催化条件下，(*Z*)-1,5-环戊二酸酐类化合物与有机锌试剂反应，能以较高产率和较高 *ee* 值得到 γ-羰基羧酸。化合物 **22** 中，两个 R^1 间的单键在开环后可以自由旋转，故反应可使用单齿配体，也可以使用双齿配体。化合物 **23** 中，开环后因单键不能自由旋转，故反应使用单齿配体时，基本上不发生反应，而使用双齿配体时，则能以高产率得到目标化合物[55-60]。

利用酰卤化合物与有机锌试剂反应也可以实现对称/不对称的酮类化合物的制备，Périchon 等人研究了多种结构酰卤的这类反应，并且研究了将卤素原子替换成其他原子时的反应情况，见式（3-17）。实验表明，这类反应也是制备酮类化合物的简便高效的方法[61]。

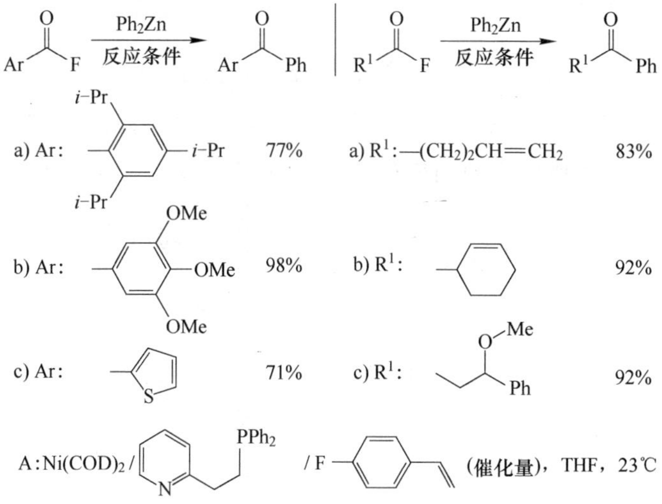

$$ArCOF \xrightarrow[\text{反应条件}]{Ph_2Zn} ArCOPh \qquad R^1COF \xrightarrow[\text{反应条件}]{Ph_2Zn} R^1COPh$$

a) Ar: 2,4,6-三(*i*-Pr)苯基 77%　　a) R^1: $-(CH_2)_2CH=CH_2$ 83%

b) Ar: 3,4,5-三(OMe)苯基 98%　　b) R^1: 环己烯基 92%

c) Ar: 2-噻吩基 71%　　c) R^1: $CH_2CH(OMe)Ph$ 92%

(3-17)

A: $Ni(COD)_2$ / 2-(2-二苯基膦乙基)吡啶 / F—C_6H_4—$CH=CH_2$ (催化量)，THF，23℃

3.2.4　碳氮双键上的取代反应

伯胺是重要的有机合成中间体。过渡金属催化下，芳基卤化物的亲核氨基化是一种备受关注的制备芳胺的方法（见式（3-18）），同时，该类方法也广泛应用于全合成领域[62]。

$$R^1M + R^2M + Me_2C{=}NOX \longrightarrow [Me_2C{=}NR^1] + [Me_2C{=}NR^2] \xrightarrow{H_2O} R^1NH_2 + R^2NH_2 \tag{3-18}$$

X: —SO_2—(2,4,6-三甲基苯基)

R^1: C_6H_5

R^2: Y—C_6H_4(Y: 4-Me，4-OMe，4-Br，3-Me，3-OMe，3-Br)

M: MgBr，ZnX(X: Cl，Br)

3.3　加 成 反 应

3.3.1　碳碳双键的加成反应

有机金属试剂与独立的羰基化合物或 α,β-不饱和羰基化合物的加成反应是形成 C—C 单键的重要方法，单独 C═C 双键与有机金属试剂的加成研究则相对较少，其根本原因是在热力学及动力学两方面都不利于该类型反应的进行。有机锌试剂则可与独立的 C═C 双键发生加成反应。

3.3.1.1　烯胺中间体

Nakamura 等人用羰基化合物与伯胺反应得到亚胺，亚胺在 LDA、$ZnCl_2$、BuLi 作用下得到烯胺中间体，之后再与烯烃类化合物发生加成反应，再进行一系列处理即可得到相应的加成产物，见式（3-19）[63]。

$$\text{2-丁酮} \xrightarrow[\text{4A分子筛}]{ArNH_2} \text{亚胺} \xrightarrow{1)\,LDA;\ 2)\,ZnCl_2;\ 3)\,BuLi} [\text{烯胺锌 (N—ZnBu)}] \xrightarrow{\text{异丁烯}} [\text{N—Zn(Bu) 加成中间体}] \xrightarrow{E^+} \text{亚胺 (E)} \xrightarrow{H^3O^+} \text{酮 (E)} \tag{3-19}$$

实验表明，该类型反应能够得到较高的产率。羰基化合物与烯类化合物的空间结构对该类型反应的产率有影响。

3.3.1.2 有机硼中间体

Knochel 等人研究了有机硼对烯键的加成产物与有机锌试剂交换后在过渡金属催化下与正电中心连接的反应，见式（3-20）[64]。

Et_2BH；i-Pr_2Zn；Cu(Ⅰ)或Pd(0)，E^+ （3-20）

该类型实验的净结果是通过有机锌试剂实现了双键加成。该类型方法应用的重要性不仅在于此为形成 C—C 单键的方法，还在于 B-Zn 交换得到的有机锌中间体能够用于多种化学反应。在立体选择性方面，该类反应的优势在于可以实现完全的顺式加成。

3.3.1.3 有机锂中间体

Normant 等人研究了丁基锂对烯键加成后与锌的交换得到有机锌中间体，再进一步得到最终的加成产物 **28**，见式（3-21）[65]。

26 XR=OH，XR=NMe_2；BuLi/TMEDA，正己烷；**27** XR=OLi，XR=NMe_2；DCl；**28** XR=OH；$ZnBr_2$；DCl；**28** XR=OH （3-21）

虽然该类反应的研究较少，但也是一种形成 C—C 单键的方法。随着有机化学的发展及合成技术的提高，这类反应有望得到更广泛的应用。

3.3.2 碳氮双键的加成反应

在精细化学品、含拆分剂的药物制剂、手性助剂和生物活性物质的合成领域，光学纯的手性胺具有显著的作用。

运用有机金属试剂对C═N双键不对称加成是形成α-手性胺常用的方法。尽管如此，与有机金属试剂对羰基化合物加成相比，该类反应还是受到亚胺的反应活性等因素的限制。C═N双键的C原子亲电性弱，且亚胺更倾向于去质子化而不是发生加成反应。控制碳氮双键的加成反应立体选择性的难点在于C═N双键的顺反异构。已有文献报道有机锌试剂可高对映选择性地与碳氮双键发生加成反应，如式（3-22）所示[66-69]。

Ts　H　R¹　N　O　H　29　R^2M　H　H　R¹　N　O　Cu盐　R^2M　一定配体　R^2　H　R¹　N　O　H　33

R^1=芳基，烷基

R^2M=Me_3Al，Et_2Zn，i-Pr_2Zn，Bu_2Zn

O　R¹　H　+　MeO　H_2N　30　+ R^2—≡—H　Me_2Zn　一定配体　CH_2Cl_2，室温　MeO　H　N　R¹　*　R^2　34

Cl　CHO　31　+　OR　NH_2　32　+　I　OEt　O　Me_2M　一定配体　OR　NH　O　OEt　Cl　35

（3-22）

实验结果显示，该类型反应的产率和对映选择性与下列因素相关：（1）底物的空间结构；（2）有机锌试剂的类型；（3）配体的类型及空间结构。近年来的研究主要集中在配体方面如图3-3所示。鉴于该类型反应在有机合成、药物合成、生物化学方面的重要性，设计合适的配体以提高该类型反应的产率和对映选择性必将是今后研究的重点和热点之一。

3.3.3　羰基的加成反应

含羰基的化合物是有机化学一个重要分支，对羰基化合物的研究也一直是有机化学的热点。羰基化合物中羰基的电子云不平均分布，羰基碳是良好的亲电中心。有机锌试剂具有中等的亲核能力及碱性，广泛应用于与羰基化合物的加成反应。这不仅是因为该类型反应实现了基团转换，还因为许多不

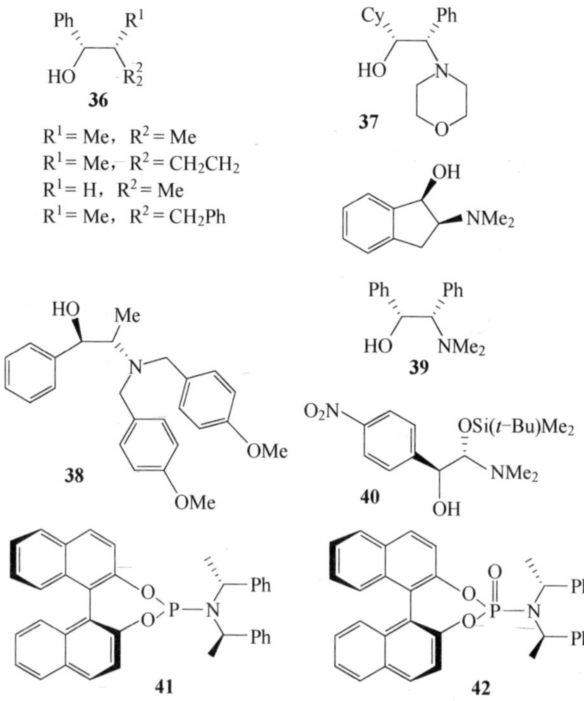

图 3-3 配体结构式

对称的羰基化合物与有机锌试剂加成后使羰基碳原子成为新的手性原子，且可选择适当条件对手性加以控制。本节将主要从醛、酮、酯三个方面介绍有机锌试剂对羰基的加成。

3.3.3.1 醛类化合物与有机锌试剂的加成反应

醛类化合物与有机锌试剂的加成是这类型反应中研究得最多的一种。这些醛包括芳香醛、脂肪醛两大类。由于反应是通过简单的亲核加成完成的，所以近年来对机理的研究比较少，主要的研究是选择适当的反应条件以提高产率和 *ee* 值[70-88]。醛类化合物因为其特有的物理化学性质在化学、生物学和药学等领域广泛运用。该类化合物与有机锌试剂反应可以合成多种类型的手性/非手性化合物，见式（3-23）。

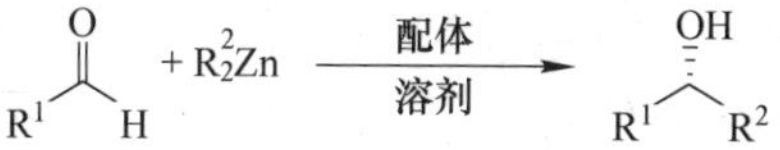

$$R^1CHO + R^2_2Zn \xrightarrow[\text{溶剂}]{\text{配体}} R^1CH(OH)R^2 \tag{3-23}$$

2008 年，Walsh 等人发表了 3 种合成 α-取代呋喃甲醛 **45** 的方法（见式

(3-24))。其中一种方法即是通过3-呋喃甲醛与有机金属试剂加成，再进一步氧化重排得到2-取代呋喃甲醛的相关研究工作，第二种方法是通过3-溴呋喃制备相应的有机锂试剂，再与醛加成、氧化重排也可得到同样的产物，第三种方法是通过3-烯基呋喃为底物实现的，这种方法没有涉及有机金属试剂的使用[77]。

43 → 1) RM(1.5 eq) → [MO…R 中间体] → 1) 1.5 eq 1mol/L HCl；2) 1.0 eq NBS，室温，4h，4:1，THF:H_2O；产率:50%~71% → 45

RM:有机锌试剂，有机镁试剂，有机锂试剂

44 → 1) n-BuLi，−78℃；2) RCHO；产率:90% → [HO…R 中间体] → 1) 1.0 eq NBS，室温，4h，4:1，THF:H_2O；2) 1.5 eq 1mol/L HCl；产率:72% → 45

(3-24)

化学合成中呋喃和吡咯类化合物是重要的合成单元，这些单元广泛存在于天然产物、药物制剂及化学材料里。上述合成方法成功实现了α-取代呋喃甲醛类化合物的合成，具有重要的应用价值。

Wang等人于2008年研究了含二茂铁结构的配体催化有机锌与醛的不对称加成反应，如图3-4所示。该小组设计合成了多种含二茂铁结构的配体，并研究了这些配体对有机锌与醛的不对称加成反应的产率和*ee*值的影响。部分配体能够以高产率、高*ee*值催化该类型反应的进行[73]。

有机锌试剂与醛的加成反应所使用的有机锌试剂大多数为二乙基锌，而对该类型反应的研究主要是集中在配体添加物方面，选择合适的配体将会极大地提高该类型反应的产率和立体选择性，因此，该领域的研究仍然是今后的热点之一。

3.3.3.2　酮类化合物与有机锌试剂的加成反应

相对醛类化合物而言，酮类化合物与有机锌试剂加成反应的研究较少。同醛类化合物与有机锌试剂的加成反应一样见式（3-25），对该类型反应的研究也主要集中在配体添加物方面[41,89-90]。

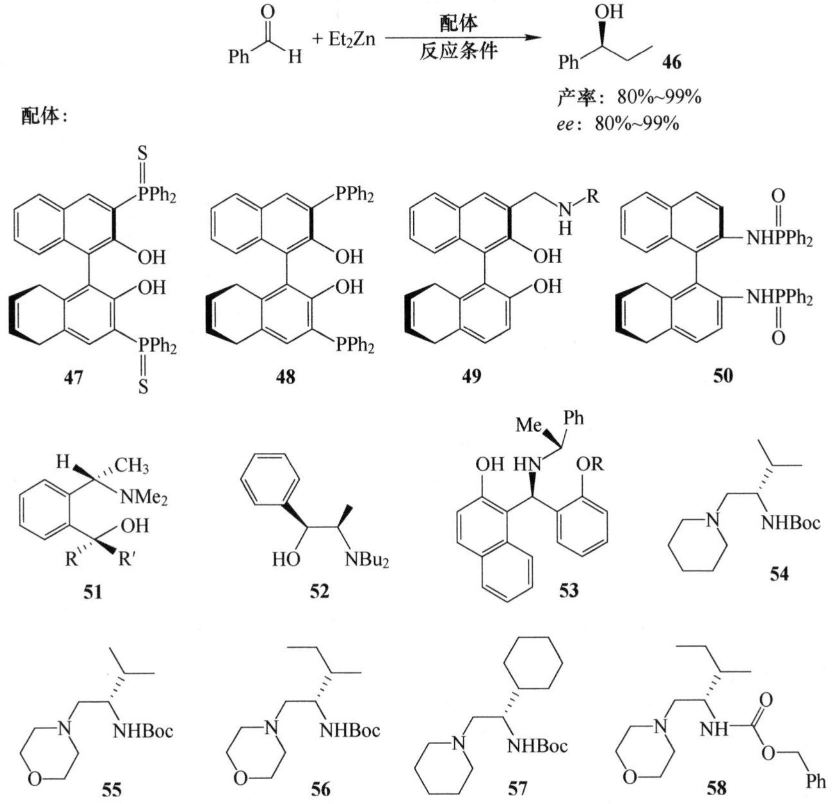

配体

反应条件

46

产率：80%~99%

ee：80%~99%

配体：

47 48 49 50

51 52 53 54

55 56 57 58

图 3-4 含二茂铁结构的配体催化有机锌与醛的不对称加成反应

配体

溶剂

(3-25)

Ishihara 等人于 2008 年研究了在高活性的手性磷酰胺-Zn(Ⅱ) 配合物催化下，有机锌试剂与酮类化合物的对映选择性加成，见式 (3-26)[90]。

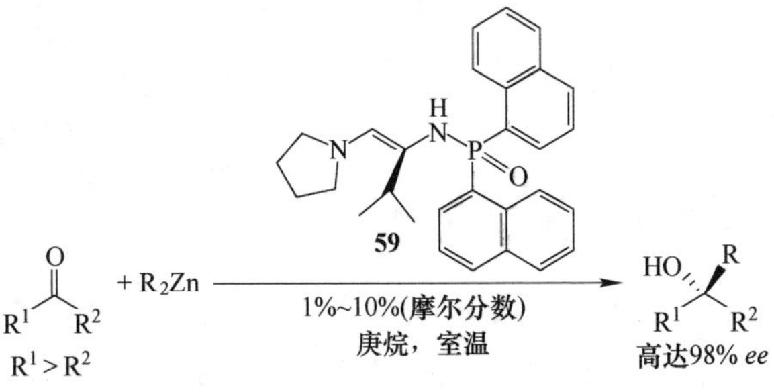

59

(3-26)

$R^1>R^2$

1%~10%(摩尔分数)

庚烷，室温

高达98% *ee*

这里开发了一种高活性的手性磷酰胺-Zn(Ⅱ) 配合物（摩尔分数为1%~10%）催化有机锌试剂（R_2Zn）与酮类化合物的不对称加成反应。配合物作为路易斯共轭酸碱起催化作用。手性磷酰胺可以由廉价的天然氨基酸制备。应用该类型反应，一系列非活性的芳香或脂肪酮可以在温和的反应条件下，以高产率、高 *ee* 值制备相应的叔醇。

应用上述反应可以方便地由酮类化合物制备相应的叔醇，相关研究所使用的反应底物基本类似，研究的重点在于设计合成配体以及选择合适的过渡金属与配体形成高效的配合物以提高该类型反应的产率与 *ee* 值。下面介绍一些配体的结构。

研究表明，选择合适的配体能够有效地改善该类型反应的产率和对映选择性（见图 3-5）。通常条件下，顺利合成叔醇具有一定的难度，虽然可以借助格氏试剂合成叔醇，但是格氏试剂对反应条件的要求比较苛刻，相对而言，应用有机锌试剂与酮类化合物加成反应为人们提供了一种较为方便的合成叔醇的方法。

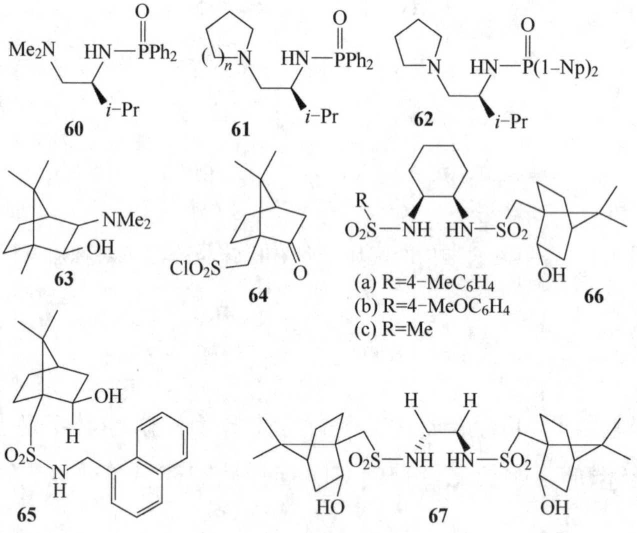

图 3-5　一些配体的结构

3.3.3.3　酯类化合物与有机锌试剂的加成反应

羰基化合物与有机锌试剂加成反应的研究主要集中在醛、酮类化合物，酯类化合物研究得较少。该类型反应研究一般也是有机金属试剂与 α-酮酯的非对映立体选择性加成，催化条件下对映选择性加成的研究则相对滞后。本部分将主要介绍 α-酮酯与有机锌试剂的对映选择性加成反应。

Kozlowski 等人首次报道了催化下有机锌试剂与 α-酮酯 **68** 的对映选择性加成反应，如图 3-6 所示。该类型反应的意义在于将有机金属试剂不对称地加成到反应活性较小的羰基上[91]。α-酮酯 **68** 与有机锌试剂反应一般会得到两种产物，即还原产物 **69** 和加成产物 **70**。

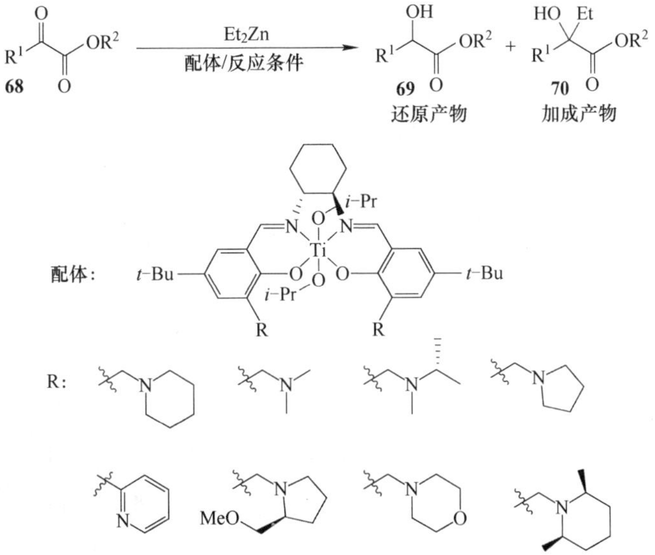

Et_2Zn
配体/反应条件
68 **69** 还原产物 **70** 加成产物
配体：
R：

图 3-6 有机锌试剂与 α-铜酯 **68** 的对映选择性加成反应

研究表明，配体的选择不仅影响加成产物与还原产物的比率，还影响加成反应的对映选择性。实验结果显示，该类配体的能够较好地控制反应向加成方向进行，但是在产物的对映选择性方面还不尽如人意，这也是今后研究的难点之一。

3.3.3.4 羰基化合物与有机锌试剂的加成-消除反应

在现代有机合成中，形成 C═C 双键是最重要的反应之一，对有机化学家来说，发展形成 C═C 双键的新方法仍然是个较大的挑战。众所周知，形成 C═C 双键的反应广泛应用于多功能不饱和化合物及天然产物的合成。到目前为止，形成 C═C 双键有许多方法，如 Wittig 反应、羰基化合物的还原反应、缩合反应等。除此之外，也可用有机锌试剂与羰基化合物的加成-消除反应形成 C═C 双键（见式（3-27）），该类反应一般能以高产率得到目标化合物[53,92-95]。形成 C═C 双键还有其他方法，C≡C 三键加成也可得到 C═C双键，相关内容见第 3.3.5 节。

$[NiCl_2(PPh_3)_2]$，THF，R^1-C_6H_4-CH_2ZnX；Me_3SiCl，一定反应条件：71 → 72

$[NiCl_2(PPh_3)_2]$，THF，FG—R^2CH_2ZnX；Me_3SiCl，一定反应条件：71 → 73

$[NiCl_2(PPh_3)_2]$，THF，R^1-C_6H_4-CH_2ZnX；Me_3SiCl，一定反应条件：71 → 74

$[NiCl_2(PPh_3)_2]$，THF，R^2CH_2ZnX；Me_3SiCl，一定反应条件：71 → 75

(3-27)

3.3.4　1,4-共轭加成反应

有机合成中，各种有机金属试剂对 α,β-不饱和羰基化合物的 1,4-共轭加成是形成 C—C 单键的重要方法。近年来，许多手性助剂和化学计量试剂的出现提高了该类反应的对映选择性。其中，有文献报道过渡金属催化下，手性配体加速的有机锌试剂对羰基化合物的 1,4-共轭加成。

从反应底物结构来看，有机锌试剂可以与两类 α,β-不饱和羰基化合物发生 1,4-共轭加成：（1）开链类 α,β-不饱和羰基化合物[96-100]；（2）环类 α,β-不饱和羰基化合物[99,101-102]。本节将从这两个方面来介绍该类反应。

选择一定结构的 α,β-不饱和羰基化合物与有机锌试剂发生 1,4-共轭加成，能够设计合成许多有用的化合物；在某些天然产物的全合成中，也可以利用该类型反应设计合成目标化合物。

3.3.4.1　开链类 α,β-不饱和羰基化合物

开链类 α,β-不饱和羰基化合物在一定条件下可与二烷基锌试剂发生加成反应，在羰基的 β-位引入相应的基团，见式（3-28）。

$$R^1R^2C{=}CH{-}C(O)R^3 \xrightarrow[\text{反应条件}]{R_2Zn} R^1R^2RC{-}CH_2{-}C(O)R^3 \qquad (3\text{-}28)$$

2006 年，Nakamura 等人研究了铜试剂与氨基醇配体催化 α,β-不饱和羰

基化合物 **76** 的 1,4-共轭加成，见式（3-29）[97]。

$$R^1CH{=}CHC(O)R^2\ (\mathbf{76}) + R^3_2Zn\ (1.5\ eq) \xrightarrow[\text{Cu(OTf)}_2\text{(摩尔分数：3\%)},\ CH_2Cl_2,\ 0℃]{\mathbf{77}\ \text{(摩尔分数：3.6\%)}} R^1R^3CH{-}CH_2C(O)R^2\ (\mathbf{78}) \tag{3-29}$$

产率：79%~91%
≥98% *ee*

他们设计了一系列由丙氨酸衍生的三苯基磷氨基醇配体 **77** 催化该类型反应。这类三齿配体对非环的 α,β-不饱和羰基化合物的 1,4-共轭加成具有很好的对映选择性，可合成高光学纯度的目标化合物 **78**。

3.3.4.2 环类 α,β-不饱和羰基化合物

环类 α,β-不饱和羰基化合物在一定条件下可与二烷基锌试剂发生加成反应，在羰基的 β-位引入相应的基团，得到环状的酮类化合物，见式（3-30）。

$$\text{环烯酮} \xrightarrow[\text{反应条件},\ n=0\sim2]{\text{金属/配体},\ R_2Zn} \text{3-R-环酮} \tag{3-30}$$

Shintani 等人于 2004 年在合成 2-芳基-4-哌啶酮类化合物 **80** 时，应用了铑（Ⅰ）催化环类 α,β-不饱和羰基化合物 **79** 与芳基锌试剂的不对称加成（见式（3-31））。实验给出了很高的产率及 *ee* 值[99]。

$$\mathbf{79}\ (N\text{-}CO_2Bn) + ArZnCl \xrightarrow[\text{THF},\ 20℃]{[RhCl((R)\text{-binap})]_2,\ 3\%\text{(摩尔分数)}Rh} \xrightarrow{H_2O} \mathbf{80} \tag{3-31}$$

产率：87%~100%
≥99% *ee*

2-芳基哌啶酮类化合物研究广泛，主要是由于其生物活性及其在合成上的多种用途。此类方法能以高产率、高 *ee* 值合成 2-芳基哌啶类化合物，具有重要的实际应用价值。

目前，有机锌试剂与 α,β-不饱和羰基化合物的 1,4-共轭加成研究仍然是十分热门的方向，且该类型反应的研究主要集中在选择合适的过渡金属及设计合适的配体，进一步提高该类型反应的效率。以下介绍一些配体的结构（见图 3-7）。

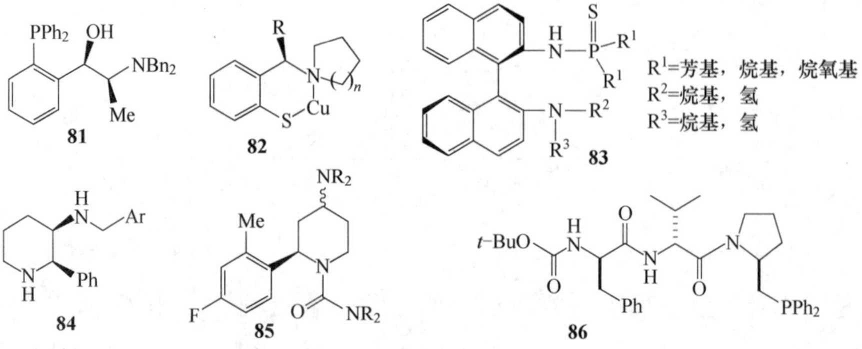

图 3-7　配体的结构

实验研究表明，α,β-不饱和羰基化合物与有机锌试剂的加成反应受下列因素影响：

（1）α,β-不饱和羰基化合物的结构。底物烯键上的取代基类型及空间结构影响反应的产率和对映选择性。

（2）金属催化剂的类型。不同类型金属催化剂在催化效能上有很大差别，常用的金属催化剂是铜或钯。

（3）配体的结构。选择合适的配体与金属配合催化，该类型反应的产率和对映选择性会有显著的改善。

3.3.5　碳碳三键（C≡C）的加成反应

乙烯基亚砜是熟知的手性模块，已经被广泛应用于许多不对称反应中，在这些反应中，通常会得到高的非对映立体选择性。在反应中，亚硫酰基可以通过氧化、还原、加热、α-去质子化及 Pummerer 反应等转化为其他许多有用的官能团，因此，该类化合物的合成得到广泛的研究。虽然已有方法合成（E/Z）β-单取代乙烯基亚砜，但合成 β,β-双取代乙烯基亚砜的方法却比较少。合成该类化合物常用的方法是有机铜试剂对 1-炔基亚砜的顺式选择性共轭加成。尽管如此，该类反应仅局限于使用简单的烷基铜试剂，其原因在于有机铜试剂需严格使用相应的有机锂或格氏试剂制备。为解决这个问题，一系列新的合成 β,β-双取代乙烯基亚砜 **88** 的方法逐渐出现，该类方法通过铜催化下的有机锌试剂与 1-炔基亚砜的共轭加成实现，见式（3-32）。

$$R^1\text{C}\equiv\text{C}-S(O)Tol\ (\mathbf{87}) \xrightarrow[\text{反应条件}]{R^2ZnX,\ CuI(\text{催化量})} R^1R^2C{=}CH-S(O)Tol\ (\mathbf{88})$$

R^1=Bu, =$(CH_2)_2OAc$, =$(CH_2)_2Tbs$, =$(CH_2)_4I$, =^{t}Bu

R^2=$CH_2CH{=}CH_2$, =CH_2Ph, =$CH_2COO{-}^tBu$, =$(CH_2)_3NH$—Boc, =$(CH_2)_3O$—Piv

X=Br, =I

(3-32)

所使用的有机锌可以直接由卤代烃通过锌-卤素交换反应制备，由于反应条件温和，可以制备多种官能团的有机锌试剂[103-104]。

低价镍复合物是熟知的用于二氧化碳与不饱和烃偶联的有效介质。例如，在含镍复合物存在且较温和反应条件下炔烃与二氧化碳的偶联反应中，形成了中间体，将中间体水解即可得到不饱和羧酸。中间体含有活性的C—Ni sp2 键可用于更进一步的转化。除水解之外，中间体的相关研究较少。这里介绍一种镍催化下，利用有机锌、二氧化碳、1-炔烃高立体区域选择性的合成β,β-双取代不饱和羧酸 **89** 的方法，见式（3-33）[105]。

$$\equiv + CO_2 \xrightarrow{Ni(0)} [\text{Ni}(\text{alkyne})(O{=}C{=}O)] \longrightarrow \text{nickelacycle (Ni-O-C(=O))} \xrightarrow{H_3O^+} CH_2{=}CH{-}CO_2H$$

$$R^1{-}\equiv + CO_2 \xrightarrow[2)\ R^2_2Zn\text{或}R^2ZnX]{1)\ Ni(COD)_2,\ DBU} R^1R^2C{=}CH{-}CO_2H\ (\mathbf{89})$$

(3-33)

3.4 成环与开环反应

3.4.1 成环反应

过渡金属催化的 1,6-烯炔的环化反应是一种合成许多五元碳环或杂环化合物的十分方便、有效的方法，如图 3-8 所示。不仅如此，1,6 位含重键的化合物均可在一定条件下形成五元环。同时，还可以根据需要合成环的大小选择相应的重键化合物，这样即可合成除五元环以外的其他多元杂环[106-112]。

孤立双键与有机锌试剂也可以发生环化反应，见式（3-34），该类型反应实质是卡宾的插入反应（simmons-smith reaction）[113]。

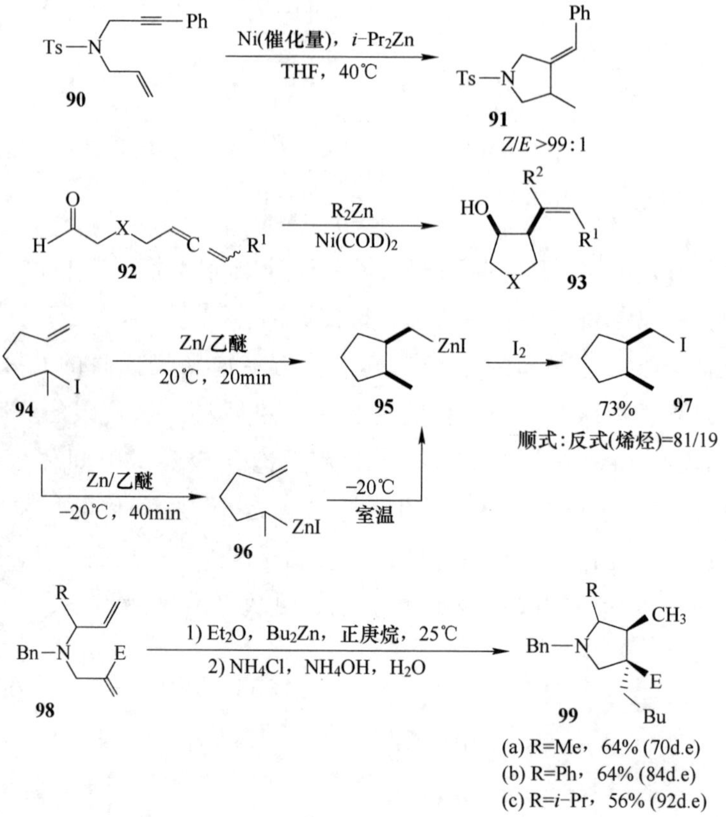

图 3-8　过渡金属催化的 1,6-烯炔的环化反应

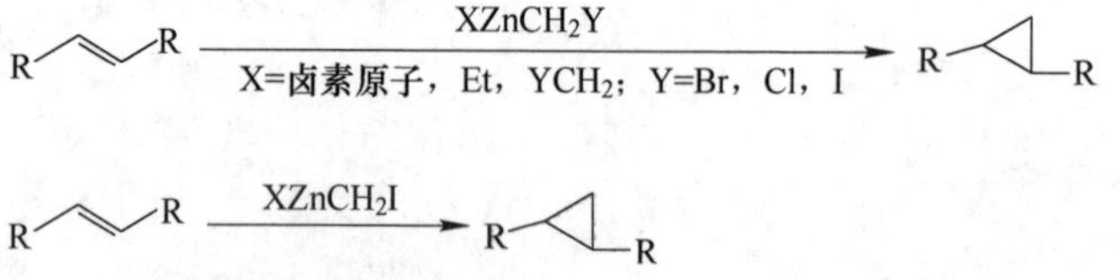

(3-34)

成环反应（除孤立双键成环外）一般需要在催化剂作用下进行，通常使用的是镍复合物。使用镍复合物的优点在于其价格便宜、催化效率好、选择性高。

3.4.2　开环反应

含氧杂环化合物由于氧较强的离去能力很容易发生开环反应，有机锌试剂可作为亲核试剂与之发生反应，运用该类反应可制备多种结构类型的目标化合物 **107**～**112**，见式（3-35）。该类反应的研究虽然不多，但一直没有间断过。三元环氧乙烷类化合物的开环反应相对较多，这可能是因为该类开环反应较好的立体选择性[114-115]。五元环氧化合物也有研究，开环得到不饱和化合物[116]；另外一类五元桥环化合物的开环反应研究也比较多，反应中双键发生移位现象[45,48]。

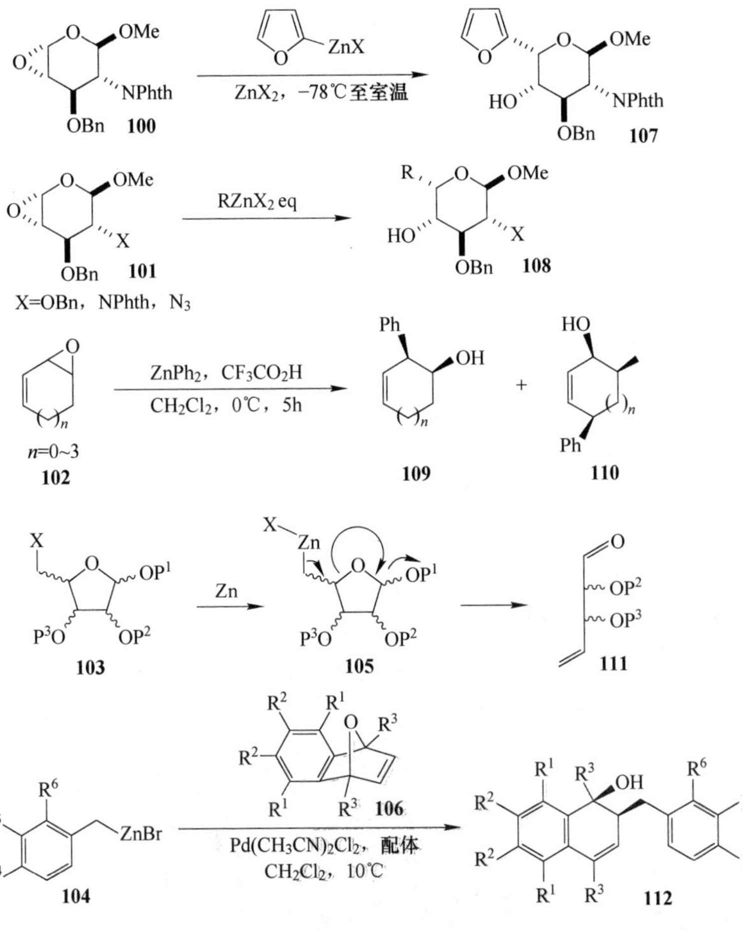

（3-35）

含氧杂环是有机合成中有用的模块，其相关的反应受到广泛关注。含氧杂环与有机锌的开环反应虽然有所研究，该类反应也用于许多化合物的合成，但是也存在产率不高的缺点。其原因可能在于还没有找到能够高效催化该类型反应的催化剂，这也是有机化学家今后要解决的关键问题。

3.5 其他反应

3.5.1 重排反应

现代有机合成中，重排反应扮演着非常重要的角色。在这些重排反应中，用于获得中等和大环的扩环反应是研究的热点之一，这些研究始于几十年前，现在仍然是十分活跃和有研究价值的领域。有机合成中，卤代醇，特别是溴代醇是一种有用的并且是通用的底物，其原因在于它的高反应活性以及方便多样的制备方法，见式（3-36）[117]。重排反应中，溴代醇常用于制备相应的羰基化合物 **115**、**116**。

Br Ph OH **113** n=1, 2, 3, 4 —— Et_2Zn(0.6 eq) / CH_2Cl_2，室温，2h → O Ph **115** 85%~98%

O Br **114** —— $EtZnCH_2I$ / CH_2Cl_2，室温 → [O O ZnBr Br] → O O **116** 84%

（3-36）

呋喃和吡咯是天然产物和药物制剂重要的结构单元。例如胃溃疡药雷尼替丁含有呋喃结构，调节血脂药含有吡啶结构。呋喃和吡啶也是常用的有机合成中间体，因为它们具有高反应活性以及可以方便地转换成其他多种官能团，见式（3-37）。这些杂环的价值仍然是刺激合成它们的原因所在[77]。

CHO O **117** —— 1) RM 2) H_2O，H^+ → HO R O **118** —— 1) NBS(1.0 eq) THF : H_2O(4 : 1) 室温，4h 2) 1mol/L HCl(1.5 eq) → CHO O R **121**

TsN H O **119** —— 1) RM 2) NH_4Cl → TsHN R O **120** —— 1) NBS(1.0 eq) THF : H_2O(4 : 1) 室温，4h 2) 1mol/L HCl(1.5 eq) → CHO N R Ts **122**

（3-37）

3.5.2 插入反应

1,4-二酮是合成取代环戊酮的重要前体，如茉莉酮、前列腺素，还有五元杂环化合物，如呋喃、吡咯、噻吩和哒嗪等。已有一系列合成 1,4-二酮的方法，这些方法都能够有效地得到目标化合物，但是大多数这些方法需要较长的过程、多步反应制备特殊试剂并使用昂贵的有机金属催化剂，因此，利用简单的原料合成 1,4-二酮受到广泛关注。如式（3-38）所示[118]，1,3-二酮 **123** 可以在锌介导下，以温和的反应条件合成 1,4-二酮类化合物 **128**。相关反应也在全合成等领域有广泛应用[119-120]。

（3-38）

参 考 文 献

[1] HANADA E M, TAGAWA T K S, KAWADA M, et al. Reactivity Differences of Rieke Zinc Arise Primarily from Salts in the Supernatant, Not in the Solids [J]. J. Am. Chem. Soc., 2022, 144: 12081-12091.

[2] TULEWICAZ A, SZEJKO V, JUSTYNIAK I, et al. Exploring the reactivity of homoleptic organozincs towards SO_2: synthesis and structure of a homologous series of organozinc sulfinates [J]. Dalton Trans., 2022, 51: 7241-7247.

[3] ZHU H, DRIVER T G. Recent Advances to Mediate Reductive Processes of Nitroarenes Using Single-Electron Transfer, Organomagnesium, or Organozinc Reagents [J]. Synthesis, 2022, 54: 3142-3161.

[4] LIU X, WANG J, LI J. Versatile OPiv-Supported Organozinc Reagents for Transition-Metal-Catalyzed Cross-Couplings [J]. Synlett, 2022, 33.

[5] LAZZAROTTO M, HARTMANN P, PLETZ J, et al. Asymmetric Allylation Catalyzed by Chiral Phosphoric Acids: Stereoselective Synthesis of Tertiary Alcohols and a Reagent-Based Switch in Stereopreference [J]. Adv. Synth. Catal., 2021, 363: 3138-3143.

[6] MONDAL B, ROY U K. Making and breaking of Zn-C bonds in the cases of allyl and propargyl organozincs [J]. Tetrahedron, 2021, 90: 132169.

[7] ZHAO B, ROGGE T, ACKERMANN L, et al. Metal-catalysed C-Het (F, O, S, N) and C—C bond arylation [J]. Chem. Soc. Rev., 2021, 5: 8903-8953.

[8] ENTHALER S, WU X. Zinc catalysis: applications in organic synthesis [M]. Weinheim: Wiley-VCH Verlag GmbH & Co. KGaA, 2015.

[9] RAPPOPORT Z, MAREK I. The Chemistry of Organozinc Compounds: R-Zn [M]. New York: John Wiley & Sons, 2006.

[10] KNOCHEL P, JONES P. Organozinc Reagents: A Practical Approach [M]. Oxford: Oxford University Press, 1999.

[11] KIM S, RIEKE R D. Recent Advance in Heterocyclic Organozinc and Organomanganese Compounds; Direct Synthetic Routes and Application in Organic Synthesis [J]. Molecules, 2010, 15: 8006-8038.

[12] YI Y, HANG W, XI C. Recent Advance of Transition-Metal-Catalyzed Tandem Carboxylation Reaction of Unsaturated Hydrocarbons with Organometallic Reagents and CO_2 [J]. Chin. J. Org. Chem., 2021, 41, 80.

[13] TEIXEIRA W K O, DE ALBUQUERQUE D Y, NARAYANAPERUMAL S, et al. Recent Advances in the Synthesis of Enantiomerically Enriched Diaryl, Aryl Heteroaryl, and Diheteroaryl Alcohols through Addition of Organometallic Reagents to Carbonyl Compounds [J]. Synthesis, 2020, 52: 1855-1873.

[14] MURAKAMI K, YORIMITSU H. Recent advances in transition-metal-catalyzed intermolecular carbomagnesiation and carbozincation [J]. Beilstein J. Org. Chem., 2013, 9: 278-302.

[15] JANG S Y, MURALE D P, KIM A D, et al. Recent Developments in Metal-Catalyzed Bio-orthogonal Reactions for Biomolecule Tagging [J]. ChemBioChem, 2019, 20 (12): 1498-1507.

[16] DAGORNE S. Recent Developments on N-Heterocyclic Carbene Supported Zinc Complexes:

Synthesis and Use in Catalysis [J]. Synthesis, 2018, 50: 3662-3670.

[17] VARGOVÁ D, NÉMETHOVÁ I, PLEVOVÁ K, et al. Asymmetric Transition-Metal Catalysis in the Formation and Functionalization of Metal Enolates [J]. ACS Catal., 2019, 9: 3104-3143.

[18] CETIN A. Chiral Catalysts Utilized in the Nucleophilic Addition of Dialkyl-zinc Reagents to Carbonyl Compounds [J]. Lett. Org. Chem., 2020, 17: 571-585.

[19] ECHAVARREN J, GALL M A Y, HAERTSCH A, et al. Active template rotaxane synthesis through the Ni-catalyzed cross-coupling of alkylzinc reagents with redox-active esters [J]. Chem. Sci., 2019, 10: 7269-7273.

[20] BARUAH B, DEB M L. Alkylation of Electron-Deficient Olefins through Conjugate Addition of Organozinc Reagents: An Update [J]. Eur. J. Org. Chem., 2021, 2021 (42): 5756-5766.

[21] TAKIMOTO M, GHOLAP S S, HOU Z. Alkylative Carboxylation of Ynamides and Allenamides with Functionalized Alkylzinc Halides and Carbon Dioxide by a Copper Catalyst [J]. Chemistry-A European Journal, 2019, 25: 8363-8370.

[22] PU L. Asymmetric Functional Organozinc Additions to Aldehydes Catalyzed by 1,1′-Bi-2-naphthols (BINOLs) [J]. Accounts Chem. Res., 2014, 47: 1523-1535.

[23] DIAN L, MAREK I. Asymmetric Preparation of Polysubstituted Cyclopropanes Based on Direct Functionalization of Achiral Three-Membered Carbocycles [J]. Chem. Rev., 2018, 118: 8415-8434.

[24] WANG M. Enantioselective Analysis: Logic of Chiral Ligand Design for Asymmetric Addition of Diethylzinc to Benzaldehyde [J]. Chin. J. Org. Chem., 2018, 38: 162.

[25] BAUER T. Enantioselective dialkylzinc-mediated alkynylation, arylation and alkenylation of carbonyl groups [J]. Coord. Chem. Rev., 2015, 299: 83-150.

[26] CHIERCHIA M, XU P, LOVINGER G J, et al. Enantioselective Radical Addition/Cross-Coupling of Organozinc Reagents, Alkyl Iodides, and Alkenyl Boron Reagents [J]. Angew. Chem. Int. Ed., 2019, 58: 14245-14249.

[27] WANG X, LIU Y, MA R, et al. Synthesis of 1,4- and 1,5-Amino Alcohols via Nucleophilic Addition of Semicyclic N,O-Acetal with Organozinc Reagents [J]. J. Org. Chem., 2019, 84: 11261-11267.

[28] MA R, SUN J, LIU C, et al. Synthesis of 1-benzylisoindoline and 1-benzyl-tetrahydroisoquinoline through nucleophilic addition of organozinc reagents to N,O-acetals [J]. Org. Biomol. Chem., 2020, 18: 7139-7150.

[29] KOUDELKA J, TOBRMAN T. Synthesis of 2-Substituted Cyclobutanones by a Suzuki

Reaction and Dephosphorylation Sequence [J]. Eur. J. Org. Chem., 2021 (22), 2021: 3260-3269.

[30] ZARAGOZA-GALICIA I, SANTOS-SÁNCHEZ Z A, HIDALGO-MERCADO Y I, et al. Synthesis of 5-Substituted 2-Pyrrolidinones by Coupling of Organozinc Reagents with Cyclic N-Acyliminium Ions [J]. Synthesis, 2019, 51: 4650-4656.

[31] DE HOUWER J, MAES B. Synthesis of Aryl (di) azinylmethanes and Bis (di) azinylmethanes via Transition-Metal-Catalyzed Cross-Coupling Reactions [J]. Synthesis, 2014, 46: 2533-2550.

[32] DILMAN A D, LEVIN V V. Difluorocarbene as a Building Block for Consecutive Bond-Forming Reactions [J]. Accounts Chem. Res., 2018, 51: 1272-1280.

[33] SAID S A, ROBERTS C S, LEE J K, et al. Direct Organometallic Synthesis of Carboxylate Intercalated Layered Zinc Hydroxides for Fully Exfoliated Functional Nanosheets [J]. Adv. Funct. Mater., 2021, 31: 2102631.

[34] GRABL S, CHEN Y, HAMZE C, et al. Late Stage Functionalization of Secondary Amines via a Cobalt-Catalyzed Electrophilic Amination of Organozinc Reagents [J]. Org. Lett., 2019, 21: 494-497.

[35] ZHILYAEV K A, LIPILIN D L, KOSOBOKOV M D, et al. Preparation and Evaluation of Sterically Hindered Acridine Photocatalysts [J]. Adv. Synth. Catal., 2022, 364: 3295-3301.

[36] TERAO J, TODO H, WATANABE H, et al. Nickel-Catalyzed Cross-Coupling Reaction of Alkyl Halides with Organozinc and Grignard Reagents with 1,3,8,10-Tetraenes as Additives [J]. Angew. Chem. Int. Ed., 2004, 43: 6180-6182.

[37] BERMAN A M, JOHNSON J S. Copper-Catalyzed Electrophilic Amination of Organozinc Nucleophiles: Documentation of O-Benzoyl Hydroxylamines as Broadly Useful R_2N (+) and RHN (+) Synthons [J]. J. Org. Chem., 2006, 71: 219-224.

[38] SCHNEIDER C, BÖRNER C, SCHUFFENHAUER A. Stereoselective Synthesis of Highly Substituted Piperidines [J]. Eur. J. Org. Chem., 1999, 1999 (12): 3353-3362.

[39] SON S, FU G C. Nickel-Catalyzed Asymmetric Negishi Cross-Couplings of Secondary Allylic Chlorides with Alkylzincs [J]. J. Am. Chem. Soc., 2008, 130: 2756-2757.

[40] BREIT B, DEMEL P, GRAUER D, et al. Stereospecific and Stereodivergent Construction of Tertiary and Quaternary Carbon Centers through Switchable Directed/Nondirected Allylic Substitution [J]. Chem. Asian J., 2006, 1: 586-597.

[41] YORIMITSU H, OSHIMA K. Recent Progress in Asymmetric Allylic Substitutions Catalyzed by Chiral Copper Complexes [J]. Angew. Chem. Int. Ed., 2005, 44: 4435-4439.

[42] ERDIK E, KOCOǦLU M. A brief survey on the copper-catalyzed allylation of alkylzinc and Grignard reagents under Barbier conditions [J]. Appl. Organomet. Chem., 2006, 20: 290-294.

[43] PIARULLI U, DAUBOS P, CLAVERIE C, et al. A catalytic and enantioselective desymmetrization of meso cyclic allylic bisdiethylphosphates with organozinc reagents [J]. Angew. Chem. -Int. Edit., 2003, 42: 234-236.

[44] PIARULLI U, DAUBOS P, CLAVERIE C, et al. Copper-Catalysed, Enantioselective Desymmetrisation of meso Cyclic Allylic Bis (diethyl phosphates) with Organozinc Reagents [J]. Eur. J. Org. Chem., 2005 (5): 895-906.

[45] LI M, YAN X, HONG W, et al. Palladium-Catalyzed Enantioselective Ring Opening of Oxabicyclic Alkenes with Organozinc Halides [J]. Org. Lett., 2004, 6: 2833-2835.

[46] STEINHUEBEL D P, FLEMING J J, DU BOIS J. Stereoselective Organozinc Addition Reactions to 1, 2-Dihydropyrans for the Assembly of Complex Pyran Structures [J]. Org. Lett., 2002, 4: 293-295.

[47] CALAZA M I, HUPE E, KNOCHEL P. Highly anti-Selective S_N2' Substitutions of Chiral Cyclic 2-Iodo-Allylic Alcohol Derivatives with Mixed Zinc-Copper Reagents [J]. Org. Lett., 2003, 5: 1059-1061.

[48] CABRERA S, ARRAYÁS R G, ALONSO I, et al. Fesulphos-Palladium (Ⅱ) Complexes as Well-Defined Catalysts for Enantioselective Ring Opening of Meso Heterobicyclic Alkenes with Organozinc Reagents [J]. J. Am. Chem. Soc., 2005, 127: 17938-17947.

[49] SCHNEEKLOTH J S, PUCHEAULT M, CREWS C M. Construction of Highly Substituted Stereodefined Dienes by Cross-Coupling of α-Allenic Acetates [J]. Eur. J. Org. Chem., 2007 (26): 40-43.

[50] HUANG Z, NEGISHI E. Highly Stereo- and Regioselective Synthesis of (*Z*)-Trisubstituted Alkenes via 1-Bromo-1-alkyne Hydroboration-Migratory Insertion-Zn-Promoted Iodinolysis and Pd-Catalyzed Organozinc Cross-Coupling [J]. J. Am. Chem. Soc., 2007, 129: 14788-14792.

[51] HANSEN A L, EBRAN J, GϕGSIG T M, et al. Investigations on the Suzuki-Miyaura and Negishi Couplings with Alkenyl Phosphates: Application to the Synthesis of 1, 1-Disubstituted Alkenes [J]. J. Org. Chem., 2007, 72: 6464-6472.

[52] RAGAN J A, RAGGON J W, HILL P D, et al. Cross-Coupling Methods for the Large-Scale Preparation of an Imidazole-Thienopyridine: Synthesis of [2-(3-Methyl-3H-imidazol-4-yl)-thieno [3,2-b] pyridin-7-yl]-(2-methyl-1H-indol-5-yl)-amine [J]. Org. Process

Res. Dev. , 2003, 7: 676-683.

[53] MORI Y, SEKI M. A Practical Synthesis of Multifunctional Ketones through the Fukuyama Coupling Reaction [J]. Adv. Synth. Catal. , 2007, 349: 2027-2038.

[54] WANG D, ZHANG Z. Palladium-Catalyzed Cross-Coupling Reactions of Carboxylic Anhydrides with Organozinc Reagents [J]. Org. Lett. , 2003, 5: 4645-4648.

[55] BERCOT E A, ROVIS T. A Palladium-Catalyzed Enantioselective Alkylative Desymmetrization of meso-Succinic Anhydrides [J]. J. Am. Chem. Soc. , 2004, 126: 10248-10249.

[56] ZHANG Y, ROVIS T. A Unique Catalyst Effects the Rapid Room-Temperature Cross-Coupling of Organozinc Reagents with Carboxylic Acid Fluorides, Chlorides, Anhydrides, and Thioesters [J]. J. Am. Chem. Soc. , 2004, 126: 15964-15965.

[57] BERCOT E A, ROVIS T. A Mild and Efficient Catalytic Alkylative Monofunctionalization of Cyclic Anhydrides [J]. J. Am. Chem. Soc. , 2002, 124: 174-175.

[58] BERCOT E A, ROVIS T. Highly Efficient Nickel-Catalyzed Cross-Coupling of Succinic and Glutaric Anhydrides with Organozinc Reagents [J]. J. Am. Chem. Soc. , 2005, 127: 247-254.

[59] JOHNSON J B, BERCOT E A, WILLIAMS C M, et al. A Concise Synthesis of Eupomatilones 4, 6, and 7 by Rhodium-Catalyzed Enantioselective Desymmetrization of Cyclicmeso Anhydrides with Organozinc Reagents Generated In Situ [J]. Angew. Chem. Int. Ed. , 2007, 46: 4514-4518.

[60] COOK M J, ROVIS T. Rhodium-Catalyzed Enantioselective Desymmetrization of meso-3, 5-Dimethyl Glutaric Anhydride: A General Strategy tosyn-Deoxypolypropionate Synthons [J]. J. Am. Chem. Soc. , 2007, 129: 9302-9303.

[61] KAZMIERSKI I, BASTIENNE M, Gosmini C, et al. Convenient Processes for the Synthesis of Aromatic Ketones from Aryl Bromides and Carboxylic Anhydrides Using a Cobalt Catalysis [J]. J. Org. Chem. , 2004, 69: 936-942.

[62] ERDIK E, ÖMÜR Ö. Competitive kinetic study of the amination of organomagnesium and -zinc reagents with acetone O-sulfonyloxime [J]. Appl. Organomet. Chem. , 2005, 19: 887-893.

[63] NAKAMURA M, HATAKEYAMA T, NAKAMURA E. α-Alkylation of Ketones by Addition of Zinc Enamides to Unactivated Olefins [J]. J. Am. Chem. Soc. , 2004, 126: 11820-11825.

[64] HUPE E, CALAZA M I, KNOCHEL P. Substrate-Controlled Highly Diastereoselective Synthesis of Primary and Secondary Diorganozinc Reagents by a Hydroboration/Boron-Zinc Exchange Sequence [J]. Chem. Eur. J. , 2003, 9: 2789-2796.

[65] NORSIKIAN S, MAREK I, KLEIN S, et al. Enantioselective Carbometalation of Cinnamyl Derivatives: New Access to Chiral Disubstituted Cyclopropanes—Configurational Stability of Benzylic Organozinc Halides [J]. Chem. Eur. J. , 1999, 5: 2055-2068.

[66] MITANI M, TANAKA Y, SAWADA A, et al. Preparation of α,α-Disubstituted α-Amino Acid Derivatives via Alkyl Addition to α-Oxime Esters with Organozinc Species [J]. Eur. J. Org. Chem. , 2008 (8), 2008: 1383-1391.

[67] ZANI L, EICHHORN T, BOLM C. Dimethylzinc-Mediated, Enantioselective Synthesis of Propargylic Amines [J]. Chem. Eur. J. , 2007, 13: 2587-2600.

[68] BASRA S, FENNIE M W, KOZLOWSKI M C. Catalytic Asymmetric Addition of Dialkylzinc Reagents to α-Aldiminoesters [J]. Org. Lett. , 2006, 8: 2659-2662.

[69] PIZZUTI M G, MINNAARD A J, FERINGA B L. Catalytic Enantioselective Addition of Organometallic Reagents to N-Formylimines Using Monodentate Phosphoramidite Ligands [J]. J. Org. Chem. , 2008, 73: 940-947.

[70] HUI X, CHEN C, WU K, et al. Polystyrene-supported N-sulfonylated amino alcohols and their applications to titanium (Ⅳ) complexes catalyzed enantioselective diethylzinc additions to aldehydes [J]. Chirality, 2007, 19: 10-15.

[71] RUDOLPH J, LORMANN M, BOLM C, et al. A High-Throughput Screening Approach for the Determination of Additive Effects in Organozinc Addition Reactions to Aldehydes [J]. Adv. Synth. Catal. , 2005, 347: 1361-1368.

[72] HATANO M, MIYAMOTO T, ISHIHARA K. Enantioselective Addition of Organozinc Reagents to Aldehydes Catalyzed by 3,3′-Bis (diphenylphosphinoyl)-BINOL [J]. Adv. Synth. Catal. , 2005, 347: 1561-1568.

[73] WANG M, ZHANG Q, ZHAO W, et al. Evaluation of Enantiopure N-(Ferrocenylmethyl) azetidin-2-yl(diphenyl) methanol for Catalytic Asymmetric Addition of Organozinc Reagents to Aldehydes [J]. J. Org. Chem. , 2008, 73: 168-176.

[74] NUGENT W A. An Amino Alcohol Ligand for Highly Enantioselective Addition of Organozinc Reagents to Aldehydes: Serendipity Rules [J]. Org. Lett. , 2002, 4: 2133-2136.

[75] GARCÍA C, LIBRA E R, CARROLL P J, et al. A One-Pot Diastereoselective Synthesis of cis-3-Hexene-1,6-diols via an Unusually Reactive Organozinc Intermediate [J]. J. Am. Chem. Soc. , 2003, 125: 3210-3211.

[76] KO D, KIM K H, HA D. Enantioselective Additions of Diethylzinc and Diphenylzinc to Aldehydes Using 2-Dialkyl-aminomethyl-2′-hydroxy-1,1′-binaphthyls [J]. Org. Lett. , 2002, 4: 3759-3762.

[77] KELLY A R, KERRIGAN M H, WALSH P J. Addition/Oxidative Rearrangement of

3-Furfurals and 3-Furyl Imines: New Approaches to Substituted Furans and Pyrroles [J]. J. Am. Chem. Soc., 2008, 130: 4097-4104.

[78] BOTTONI A, LOMBARDO M, MISCIONE G P, et al. 3-Bromozinc Propenyl Esters: An Experimental and Theoretical Study of the Unique Stereocrossover Observed in Their Addition to Aromatic and Aliphatic Aldehydes [J]. J. Org. Chem., 2008, 73: 418-426.

[79] SOAI K, KAWASAKI T. Discovery of asymmetric autocatalysis with amplification of chirality and its implication in chiral homogeneity of biomolecules [J]. Chirality, 2006, 18: 469-478.

[80] XU L, SHEN X, ZHANG C, et al. Chiral aminonaphthol-catalyzed enantioselective carbonyl addition of diethylzinc to aromatic aldehydes high-throughput screened by CD-HPLC analysis [J]. Chirality, 2005, 17: 476-480.

[81] HUI X, CHEN C, GAU H. Synthesis of new N-sulfonylated amino alcohols and application to the enantioselective addition of diethylzinc to aldehydes [J]. Chirality, 2005, 17: 51-56.

[82] SOAI K, SATO I. Asymmetric autocatalysis and its application to chiral discrimination [J]. Chirality, 2002, 14: 548-554.

[83] SCHMIDT F, RUDOLPH J, BOLM C. Diarylmethanols by Catalyzed Asymmetric Aryl Transfer Reactions onto Aldehydes Using Boronic Acids as Aryl Source [J]. Adv. Synth. Catal., 2007, 349: 703-708.

[84] XU Q, ZHU G, PAN X, et al. Enantioselective addition of diethylzinc to aldehydes catalyzed by optically active C2-symmetrical bis-β-amino alcohols [J]. Chirality, 2002, 14: 716-723.

[85] RICHMOND M L, SETO C T. Modular Ligands Derived from Amino Acids for the Enantioselective Addition of Organozinc Reagents to Aldehydes [J]. J. Org. Chem., 2003, 68: 7505-7508.

[86] RUAN J, LU G, XU L, et al. Catalytic Asymmetric Alkynylation and Arylation of Aldehydes by an H_8-Binaphthyl-Based Amino Alcohol Ligand [J]. Adv. Synth. Catal., 2008, 350: 76-84.

[87] ZHANG Z, LI M, ZI G. Synthesis of new chiralcis-3-hydroxyazetidines and their application in diethylzinc addition to aldehydes [J]. Chirality, 2007, 19: 802-808.

[88] PARK J K, LEE H G, BOLM C, et al. Asymmetric Diethyl- and Diphenylzinc Additions to Aldehydes by Using a Fluorine-Containing Chiral Amino Alcohol: A Striking Temperature Effect on the Enantioselectivity, a Minimal Amino Alcohol Loading, and an Efficient Recycling of the Amino Alcohol [J]. Chem. Eur. J., 2005, 11: 945-950.

[89] JEON S, LI H, GARCÍA C, et al. Catalytic Asymmetric Addition of Alkylzinc and Functionalized Alkylzinc Reagents to Ketones [J]. J. Org. Chem., 2005, 70: 448-455.

[90] HATANO M, MIYAMOTO T, ISHIHARA K. Highly Active Chiral Phosphoramide-Zn (Ⅱ) Complexes as Conjugate Acid-Base Catalysts for Enantioselective Organozinc Addition to Ketones [J]. Org. Lett., 2007, 9: 4535-4538.

[91] DIMAURO E F, KOZLOWSKI M C. The First Catalytic Asymmetric Addition of Dialkylzincs to α-Ketoesters [J]. Org. Lett., 2002, 4: 3781-3784.

[92] WANG J, WANG K, ZHAO L, et al. Palladium-Catalyzed Stereoselective Synthesis of (*E*)-Stilbenes via Organozinc Reagents and Carbonyl Compounds [J]. Adv. Synth. Catal., 2006, 348: 1262-1270.

[93] AÏSSA C, RIVEIROS R, RAGOT J, et al. Total Syntheses of Amphidinolide T1, T3, T4, and T5 [J]. J. Am. Chem. Soc., 2003, 125: 15512-15520.

[94] WANG J, FU Y, Hu Y. Carbon-Carbon Double-Bond Formation from the Reaction of Organozinc Reagents with Aldehydes Catalyzed by a Nickel (Ⅱ) Complex [J]. Angew. Chem. Int. Ed., 2002, 41: 2757-2760.

[95] SHEN Y, NI J. The reaction of organozinc reagents with trifluoroacylated phosphonates: Synthesis of trifluoromethylated α,β-unsaturated esters with an active methylene moiety [J]. Heteroatom Chem., 2004, 15: 289-292.

[96] SUBBURAJ K, MONTGOMERY J. A New Catalytic Conjugate Addition/Aldol Strategy That Avoids Preformed Metalated Nucleophiles [J]. J. Am. Chem. Soc., 2003, 125: 11210-11211.

[97] HAJRA A, YOSHIKAI N, NAKAMURA E. Aminohydroxyphosphine Ligand for the Copper-Catalyzed Enantioselective Conjugate Addition of Organozinc Reagents [J]. Org. Lett., 2006, 8: 4153-4155.

[98] MARSHALL J A, HEROLD M, EIDAM H S, et al. Palladium- and Copper-Catalyzed 1,4-Additions of Organozinc Compounds to Conjugated Aldehydes [J]. Org. Lett., 2006, 8: 5505-5508.

[99] SHINTANI R, TOKUNAGA N, DOI H, et al. A New Entry of Nucleophiles in Rhodium-Catalyzed Asymmetric 1,4-Addition Reactions: Addition of Organozinc Reagents for the Synthesis of 2-Aryl-4-piperidones [J]. J. Am. Chem. Soc., 2004, 126: 6240-6241.

[100] SHI M, DUAN W, RONG G. Axially dissymmetric N-thioacylated (*S*)-(−)-1,1′-binaphthyl-2,2′-diamine ligands for copper-catalyzed asymmetric Michael addition of diethylzinc to α,β-unsaturated ketone [J]. Chirality, 2004, 16 (9): 642-651.

[101] ARINK A M, BRAAM T W, KEERIS R, et al. Copper (Ⅰ) Thiolate Catalysts in

Asymmetric Conjugate Addition Reactions [J]. Org. Lett., 2004, 6: 1959-1962.

[102] SOETA T, SELIM K, KURIYAMA M, et al. Peptidic Amidomonophosphane Ligand for Copper-Catalyzed Asymmetric Conjugate Addition of Diorganozincs to Cycloalkenones [J]. Adv. Synth. Catal., 2007, 349: 629-635.

[103] MAEZAKI N, SAWAMOTO H, YOSHIGAMI R, et al. Geometrically Selective Synthesis of Functionalized β,β-Disubstituted Vinylic Sulfoxides by Cu-Catalyzed Conjugate Addition of Organozinc Reagents to 1-Alkynyl Sulfoxides [J]. Org. Lett., 2003, 5: 1345-1347.

[104] MAEZAKI N, SAWAMOTO H, SUZUKI T, et al. T. Highly Stereoselective Synthesis of Functionalized β,β-Di- and Trisubstituted Vinylic Sulfoxides by Cu-Catalyzed Conjugate Addition of Organozinc Reagents [J]. J. Org. Chem., 2004, 69: 8387-8393.

[105] TAKIMOTO M, SHIMIZU K, MORI M. Nickel-Promoted Alkylative or Arylative Carboxylation of Alkynes [J]. Org. Lett., 2001, 3: 3345-3347.

[106] LURAIN A E, MAESTRI A, KELLY A R, et al. Highly Enantio- and Diastereoselective One-Pot Synthesis of Acyclic Epoxy Alcohols with Three Contiguous Stereocenters [J]. J. Am. Chem. Soc., 2004, 126: 13608-13609.

[107] COHEN T, GIBNEY H, IVANOV R, et al. Intramolecular Carbozincation of Unactivated Alkenes Occurs through a Zinc Radical Transfer Mechanism [J]. J. Am. Chem. Soc., 2007, 129: 15405-15409.

[108] LOZANOV M, MONTGOMERY J. A New Two-Step Four-Component Synthesis of Highly Functionalized Cyclohexenols by Sequential Nickel-Catalyzed Couplings [J]. J. Am. Chem. Soc., 2002, 124: 2106-2107.

[109] CHEN M, WENG Y, GUO M, et al. Nickel-Catalyzed Reductive Cyclization of Unactivated 1,6- Enynes in the Presence of Organozinc Reagents [J]. Angew. Chem. Int. Ed., 2008, 47: 2279-2282.

[110] CHAI Z, XIE Z, LIU X, et al. Tandem Addition/Cyclization Reaction of Organozinc Reagents to 2-Alkynyl Aldehydes: Highly Efficient Regio- and Enantioselective Synthesis of 1, 3-Dihydroisobenzofurans and Tetrasubstituted Furans [J]. J. Org. Chem., 2008, 73: 2947-2950.

[111] MONTGOMERY J, SONG M. Preparation of Homoallylic Alcohols by Nickel-Catalyzed Cyclizations of Allenyl Aldehydes [J]. Org. Lett., 2002, 4: 4009-4011.

[112] DENES F, CUTRI S, PEREZ-LUNA A, et al. Radical-Polar Crossover Domino Reactions Involving Organozinc and Mixed Organocopper/Organozinc Reagents [J]. Chem. Eur. J., 2006, 12: 6506-6513.

[113] LORENZ J C, LONG J, YANG Z, et al. A Novel Class of Tunable Zinc Reagents ($RXZnCH_2Y$) for Efficient Cyclopropanation of Olefins [J]. J. Org. Chem., 2004, 69: 327-334.

[114] CHENG G, FAN R, HERNÁNDEZ-TORRES J M, et al. syn Additions to 4α-Epoxypyranosides: Synthesis of *L*-Idopyranosides [J]. Org. Lett., 2007, 9: 4849-4852.

[115] XUE S, LI Y, HAN K, et al. Addition of Organozinc Species to Cyclic 1,3-Diene Monoepoxide [J]. Org. Lett., 2002, 4: 905-907.

[116] HENON E, BERCIER A, PLANTIER-ROYON R, et al. Compared Behavior of 5-Deoxy-5-iodo-*D*-xylo- and *L*-Arabinofuranosides in the Reductive Elimination Reaction: A Strong Dependence on Structural Parameters and on the Presence of Zn^{2+}. A Combined Experimental and Theoretical Investigation [J]. J. Org. Chem., 2007, 72: 2271-2278.

[117] LI L, CAI P, GUO Q, et al. Et_2Zn-Mediated Rearrangement of Bromohydrins [J]. J. Org. Chem., 2008, 73: 3516-3522.

[118] XUE S, LI L, LIU Y, et al. Zinc-Mediated Chain Extension Reaction of 1,3-Diketones to 1,4-Diketones and Diastereoselective Synthesis of trans-1,2-Disubstituted Cyclopropanols [J]. J. Org. Chem., 2006, 71: 215-218.

[119] LIU L, GUO Y, LIU Q, et al. Total Synthesis of Endolides A and B [J]. Synlett, 2019, 30: 2279-2284.

[120] WEI B, REN Q, BEIN T, et al. Transition-Metal-Free Synthesis of Polyfunctional Triarylmethanes and 1,1-Diarylalkanes by Sequential Cross-Coupling of Benzal Diacetates with Organozinc Reagents [J]. Angew. Chem. Int. Ed., 2021, 60: 10409-10414.

4 有机锌试剂在不对称合成中的应用

4.1 引　言

在过去的30年里，有机锌试剂相关的化学研究发展迅速，大量的催化不对称加成反应被报道[1-7]。值得注意的是，自从Oguni和Omi首次发表了二烷基锌试剂[8]，以及Noyori等人发现高效手性配体以来[9]，二烷基锌试剂对芳香醛的对映选择性加成反应的研究得到了显著发展。这主要是因为许多有效的手性催化剂已经被开发出来，而二乙基锌的加成反应则成为测试这些手性配体效用的典型反应。除了克服诸如脂肪醛、酮、酮酯、亚胺和硝酮等的选择性催化反应等挑战外，现在的重点似乎已转移到新的领域，即自催化反应和手性转换。

考虑到这些研究趋势，并参考Hirose等关于有机锌试剂的综述[10]。本章首先介绍了二烷基锌试剂对芳香醛和脂肪醛的一些特征性不对称加成反应。特别地，作者试图根据特定的配体和底物总结各种体系的反应结果。这里所关注的反应是近年发展起来的反应。本章随后将讨论乙烯基-、炔基-和芳基锌试剂与各种醛的反应。虽然在前述章节已经总结了有机锌试剂的基本制备方法，但由于有机锌试剂又有了一些新的制备方法，将一并在相关章节的开头进行介绍。本章的这一部分是根据有机锌试剂最新的进展，即自催化和手性转换反应来总结的。

本章将介绍有机锌对简单酮类化合物的C＝O键的加成，然后重点介绍有机锌试剂与酮或醛的加成产物或中间体的一些应用。由于反应得到的产物或中间体具有多种官能团和结构，因此拓展了有机锌试剂作为强大合成工具的潜力。后续的章节将讨论酮酯的C＝O键和亚胺的C＝N键的加成反应。考虑到这些领域的研究历史较短，因此对这些反应进行更全面的总结[11]。

Reformatsky试剂是有机锌化学领域众所周知的试剂[12]。由于不能通过

α-卤代酯制备对应的格氏试剂，而对应的 Reformatsky 试剂却可方便地制备并用于相关的反应，因此 Reformatsky 反应非常有用。然而，涉及二烷基锌试剂用于催化不对称加成反应的研究却较少。尽管如此，最近的一些文献则提出了有趣的结果，这些研究表明 Reformatsky 反应的机理需要根据其自由基特性进行修正，本书对此进行了讨论。

最后，作者总结了最近报道的二烷基锌作为自由基引发剂的有趣反应。一些研究小组的成果表明二烷基锌试剂在氧存在下具有形成烷基自由基的独特能力[13-14]。作者在本章中将介绍这些自由基对醛、亚胺和 C ═ C 键的加成反应，以及自由基多米诺反应。

4.2 有机锌试剂的加成反应

4.2.1 与醛类化合物的加成反应

本节介绍二烷基锌试剂 R_2Zn 对醛 **1** 的催化不对称加成反应（见式(4-1)）制备手性醇 **2** 的反应和相关的反应机理。

R_1CHO (**1**) + R_2Zn —催化量L*→ $R_1CH(OH)R$ (**2**)

3　**4**　**5**

OHC^n—PhBu / ZnMe
产率：87%，96% *ee S*

OHC / CHO / Fe(CO)$_3$ —$(n\text{-}C_5H_{11})_2Zn$
产率：99%，93% *ee S*

PhC_2H_4CHO—Et_2Zn
产率：94%，95% *ee S*

PhCHO—( )$_2$Zn
产率：91%，89% *ee S*

$p\text{-}ClC_6H_4CHO$—$(PhBO)_3/Et_2Zn$
产率：93%，95% *ee S*

(4-1)

自从 Noyori 等人使用（−）-3-外-二甲基氨基异冰片［（−）-DAIB］**3**，以及 Soai 等人用（*S*）-（+）-（1-甲基吡咯烷-2-基）二苯基甲醇 **4** 等配体实现有机锌试剂与醛类化合物的高对映选择性加成反应后，*β*-氨基醇已成为一类有机锌试剂与醛不对称加成反应的主要手性配体[15]。尽管如此，多种含有不同官能团的新的手性配体也不断涌现。本节讨论具有独特官能团的手性配体作用下，有机锌试剂对醛类化合物的加成反应。

普遍被接受的反应机理由 Yamakawa 和 Noyori 提出，即由手性 *β*-氨基醇催化的涉及二烷基锌的加成反应，见式（4-2）[16]。在第一步中，手性配体与二烷基锌（R_2Zn）反应形成配合物Ⅰ，并释放出一分子烷烃。配合物Ⅰ再与一分子二烷基锌（R_2Zn）配位得到双核锌配合物Ⅱ。醇盐中的锌原子成为路易斯酸，醛与其配位形成配合物Ⅲ，活化羰基。经计算，过渡态中反-5/4/4 三环结构Ⅳ最有利于允许烷基从 *Si* 面迁移以得到配合物Ⅴ。Soai 等人提出了麻黄碱衍生配体的六元过渡态产生相同的手性，但 Noyori 等人使用他们自己的计算发现并非如此。中间体Ⅳ再与一分子 R_2Zn 配位会再生中间体Ⅱ，并释放一分子手性仲醇的锌盐[17]。

（4-2）

配合物Ⅰ在平衡中形成手性同型二聚体Ⅵ。当存在手性配体的对映体时则形成内消旋的杂二聚体，这可能是由于其比Ⅵ更稳定且反应性更低。这有效地解释了在反应中观察到的非线性效应。

4.2.1.1 二烷基锌

Knochel等人的研究极大地拓展了已知的二烷基锌试剂的种类[18]。除了烷基卤化锌和简单的R_2Zn的基本制备方法外，他们还开发了一种方法，即通过应用卤素-锌和硼-锌交换反应，可以成功制备具有卤原子、酯、乙烯基、烯丙基、甲硅烷基醚及甲锡烷基官能团的二烷基锌试剂，见式（4-3）。

$$FG—R—I \xrightarrow{1.5\ eq\ Et_2Zn,\ 催化量,\ CuI} (FG—R)_2Zn$$

$$FG—R\diagup\!\!\!\diagdown\!\!= \xrightarrow{Et_2BH} \xrightarrow{Et_2Zn} (FG—R\diagup\!\diagdown\!\diagup)_2Zn$$

FG：官能团化的基团

（4-3）

A β-氨基醇配体

自从上述提到的开创性研究以来[8-9,15]，化学家们已经开发了许多类型的β-氨基醇配体用于二烷基锌试剂与醛的加成反应。

Soai等人制备了各种N,N-二烷基降冰片烯**5**，并表明它们是R_2Zn与芳香醛和脂肪醛高对映选择性加成的有效配体[19]。由Dai等人开发的带有3-吲哚基甲基的β-氨基醇**6** 13对二乙基锌（Et_2Zn）加成到各种芳香醛和环已烷甲醛显示出高对映选择性；然而，大的吲哚基团被认为对过渡态没有贡献[20]。尽管如此，Sardina等人发现具有大的苯基芴基作为氮取代基的β-氨基醇**7**（见图4-1）对芳香醛和脂肪醛的相关加成反应都具有高的对映选择性[21]。推测这些结果是由于甲醇立体中心上的大体积叔丁基（Bu^t）基团（式（4-2）中的R^3）和在苯基芴基的α位存在小取代基（式（4-2）中的R^2）。

环状β-氨基醇配体经常被制备并应用于R_2Zn对醛的对映选择性加成，其中五元环脯氨酸是最常用的胺。在研究了配体**4**之后，Soai等人开发了另一种基于脯氨酸的β-氨基醇**8**，其允许Et_2Zn以高对映选择性加成到壬醛

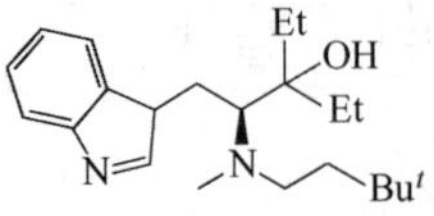

6

p-$ClC_6H_4CHO—Et_2Zn$
产率：99%，96.9% *ee* *R*

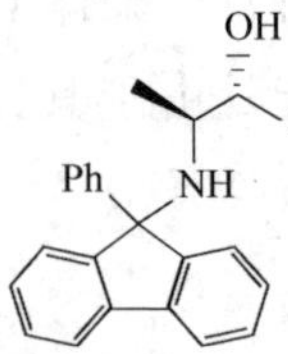

7

n-$C_8H_{17}CHO—Et_2Zn$
产率：98%，98% *ee* *S*

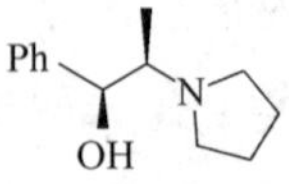

8

n-$C_8H_{17}CHO—Et_2Zn$
产率：87%，>95% *ee* *S*

图 4-1　*β*-氨基醇配体

上[19]。Takemoto 等人制备了许多不同的基于脯氨酸的配体 **4**，并证明它们在二烷基锌加成到含有铁-二烯配合物的醛中是有效的[22]。Wallbaum 和 Martens 研究了一系列双环脯氨酸类似物，并表明配体 **9**（见图 4-2）可以在芳香醛和脂肪醛的加成反应中实现高选择性，他们还研究了其他五元环胺在类似反应中的应用[23]。Kotsuki 等人开发了基于三环吡唑的配体 **10**，其在 Et_2Zn 与苯甲醛的加成反应中具有高的对映选择性。结果表明，与非对映配体相比，产物的手性由醇部分的构型控制。Falorni 等人报道了恶唑烷基甲醇 **11** 作为 Et_2Zn 与芳香醛和脂肪醛加成反应的高效手性配体[24]。

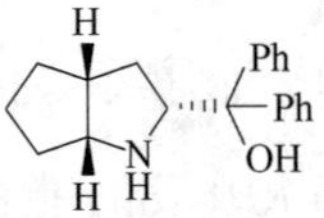

9

p-$MeC_6H_4CHO—Et_2Zn$
产率：87%，100% *ee* *R*

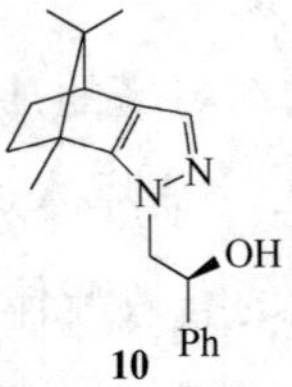

10

$OHCPh—Et_2Zn$
产率：99%，93% *ee* *R*

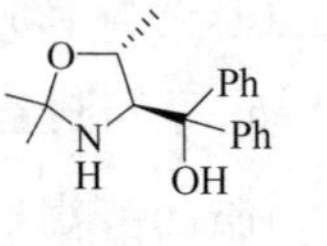

11

p-$C_6H_{13}CHO—Et_2Zn$
产率：100%，81% *ee* *R*

图 4-2　配体 **9**~**11**

此外，基于六元环的哌啶和吗啉的氨基醇也被发展出来[25-27]，其中化合物 **12** 显示出对 Et_2Zn 或二甲基锌（Me_2Zn）与二茂铁或二茂钌甲醛的加成反应非常有效，并且化合物 **13** 对 Et_2Zn 与芳香醛或脂肪醛的加成反应具有优异的反应活性和对映选择性，该配体对于 Me_2Zn 与多种醛的加成作用良好。由 Nugent 开发的三环（+）-3-外型-吗啉异冰片 **14** 在 Et_2Zn 与各种醛和 Me_2Zn 与间甲基苯甲醛的反应中实现了高对映选择性。化合物 **12**~**14** 如图 4-3 所示。

12

FcCHO—Et_2Zn
产率：96%,>96% *ee R*

13

p-MeC_6H_4CHO—Et_2Zn
产率：100%，98% *ee S*
p-$CF_3C_6H_4CHO \cdot Me_2Zn$
产率：>99%，91% *ee S*
p-MeC_6H_4CHO—PhZEt
产率：99%，97% *ee S*

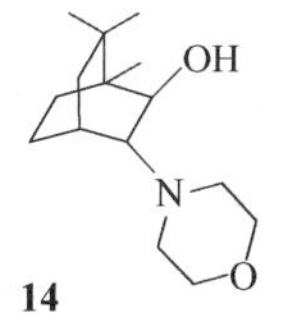

14

Me_2CHCHO—Et_2Zn
产率：94%，99% *ee R*

图 4-3　化合物 **12～14**

较小的四元和三元环胺类化合物也被用作手性β-氨基醇的配体[28-30]。Martens 等人开发了氮杂环丁烷衍生物 **15** 的锂盐，他们从各种芳香醛和 Et^2Zn 对映选择性地得到 1-芳基丙醇。Lawrence 等人以丝氨酸为原料合成了基于 N-三苯甲基氮丙啶基的β-氨基醇 **16**，并报道了其催化 Et_2Zn 与各种芳香醛和脂肪醛的高对映选择性加成反应。此外，Pisani 和 Superchi 报道了具有轴手性 1,1′-联萘氮杂结构的七元环状β-氨基醇 **17** 能够使相应的加成反应快速发生，该化合物在二烷基锌试剂对芳香醛的不对称加成中提供了良好的结果。化合物 **15～17** 如图 4-4 所示。

15

p-$MeOC_6H_4CHO$—Et_2Zn
产率：100% *ee S*

16

c-$C_6H_{11}CHO$—Et_2Zn
产率：90%，99% *ee S*

17

PhCHO—Bu^n_2Zn
产率：90%，96% *ee S*

图 4-4　化合物 **15～17**

目前已有多种结构和附加的官能团被引入到β-氨基醇配体中[31-33]。Cho 等人报道了由 *D*-甘露醇制备的β-氨基醇 **18** 对 R_2Zn 与芳香醛和脂肪醛的加成反应具有高对映选择性，而带有金属配合物结构的β-氨基醇也显示出作为手性配体的作用。Jones 等人的研究证明了β-氨基醇 **19** 的 η^6-芳烃-铬配合物通过转化为锌盐对各种醛的加成反应具有高对映选择性。与相应的未配合的β-

氨基醇相比，过渡态中的铬配合物和 Et_2Zn 之间的偶极-偶极相互作用被认为有助于提高对映选择性。Wang 等人的研究表明在氮丙啶氮上带有二茂铁甲基的 *β*-氨基醇，如化合物 **20**，对于芳香醛的对映选择性乙基化非常有效。据推测，控制产物立体化学的是立体拥挤的烷氧基锌，而不是对应的三元环。化合物 **18**～**20** 如图 4-5 所示。

$(n\text{-}C_8H_{17})_2N_2$

18

$n\text{-}C_{10}H_{21}CHO—Et_2Zn$
产率：81%，90% *ee R*

$(OC)_2Cr$　$P(PhO)_3$　HO　NBu^n_2

19

$OHCC_3H_6OCPh_3—Me_2Zn$
产率：87%，98% *ee S*

Fe　N　Ph　Ph　OH

20

$m\text{-}ClC_6H_4CHO—Me_2Zn$
产率：82%，99.8% *ee S*
$m\text{-}PhOC_6H_4CHO—PhB(OH)_2/Et_2Zn$
产率：93%，95.7% *ee S*

图 4-5　化合物 **18**～**20**

B　*γ*-氨基醇配体

受 *β*-氨基醇手性配体在合成方面成功的启发，学者们又合成了一系列 *γ*-氨基醇和 *γ*-氨基酚，并研究了它们对 R_2Zn 与醛的不对称加成反应的作用[34-37]。Cho 等人以 *D*-甘露醇为起始原料开发了一些 *γ*-氨基醇，其研究表明含有吗啉基团的化合物 **21** 对二乙基锌或二异丙基锌与芳香醛或脂肪醛的加成反应具有高对映选择性。Hari 和 Aoyama 的研究说明，具有庞大双环氨基的 10-二烷基氨基异龙脑 **22** 是所制备的用于 Et_2Zn 与一系列不同醛的对映选择性加成反应的 *γ*-氨基醇中最有效的配体。此外，他们还开发了具有两个立体中心的 *γ*-氨基萘酚 **23**（一种 Betti 碱衍生物）和 *γ*-氨基苯酚 **24**，结果表明它们对于各种二烷基锌与芳香醛的对映选择性加成是有效的。Aoyama 和 Palmieri 等人通过应用 Noyori 的三环过渡态理论解释了产物构型，据此推测该过渡态为 *β*-氨基醇 **24-T**（配体 **24**）。化合物 **21**～**24** 如图 4-6 所示。

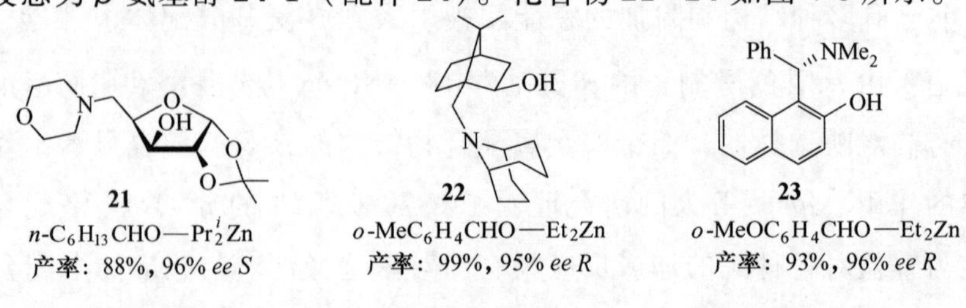

24

Me_2CHCHO—Et_2Zn

产率：86%，97% *ee S*

24-T

图 4-6 化合物 **21～24**

C δ-氨基醇配体

有许多报道表明 δ-氨基醇配体对于二烷基锌试剂和醛的对映选择性加成反应具有较好作用[38-40]。目前已经报道了 3 种类型的具有一个立体中心的基于二茂铁的配体。Watanabe 报道了具有哌啶基团的化合物 **25** 可以有效地催化 Et_2Zn 或 Me_2Zn 对茂金属甲醛和苯甲醛的对映选择性加成。Wally 以及 Bolm 等人合成的 δ-氨基醇 **26** 具有手性环状结构，**27** 具有手性噁唑啉片段，二者在 Et_2Zn 与各种醛的加成中均具有良好到高的对映选择性。产物的立体化学是由于形成了含有氧、锌和氮原子的七元环状过渡态，这也与 Noyori 的模型一致[16]。化合物 **25～27** 如图 4-7 所示。

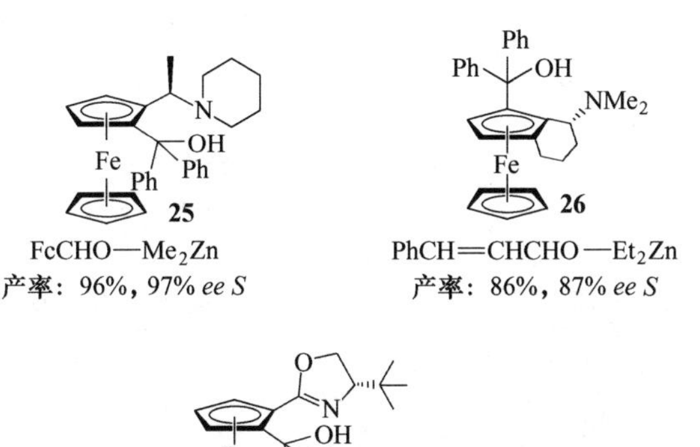

FcCHO—Me_2Zn

产率：96%，97% *ee S*

PhCH=CHCHO—Et_2Zn

产率：86%，87% *ee S*

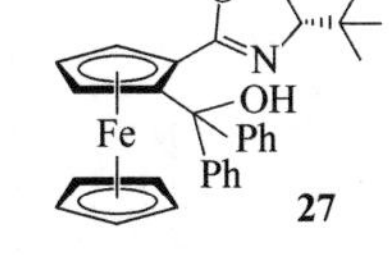

n-C_6H_{13}CHO—Et_2Zn

产率：94%，87% *ee R*

p-ClC_6H_4CHO—*p*-MeC_6H_4CH=CHZnEt

产率：62%，75% *ee R*

p-PhC_6H_4CHO—Ph_2Zn/Et_2Zn

产率：93%，97% *ee R*

p-ClC_6H_4CHO—$PhB(OH)_2/Et_2Zn$

产率：93%，97% *ee R*

p-MeC_6H_4CHO—Ph_3B/Et_2Zn

FcCHO—*p*-$ClC_6H_4B(OH)_2/Et_2Zn$

产率：98%，94% *ee R*

图 4-7 化合物 **25～27**

D　N,O-多齿配体

在上述多种氨基醇成功应用于 R_2Zn 的催化不对称加成反应之后，理所当然下一步是研究 N,O-多齿配体[41-46]。Ishizaki 等人开发了 N,O_2-三齿吡啶醇，并表明化合物 **28** 可有效地用于 Me_2Zn 与苯甲醛的加成，以及 Et_2Zn 与芳香醛或脂肪醛的加成。与化合物 **29** 相比，反应效率的提高归因于配体的配位能力和空间效应，如图 4-8 所示。四环过渡态被认为使醇盐的锌原子的配位饱和，这减少了略低效的二聚锌配合物的形成，其中两个芳基起作用以迅速释放醇盐产物。Fu 等人开发的二茂铁型 N,O_2-配体 **30** 对于 Et_2Zn 和 Me_2Zn 与芳香醛的加成似乎同样有效。Tanaka 等人开发了手性席夫碱型 N,O_2-三齿配体如 **31**，用于 Et_2Zn 和二正丁基锌（n-Bu_2Zn）与各种芳香醛或脂肪醛的高对映选择性加成。由 Yang 等人开发的 N,O_2-三齿氨基双酚 **32**，

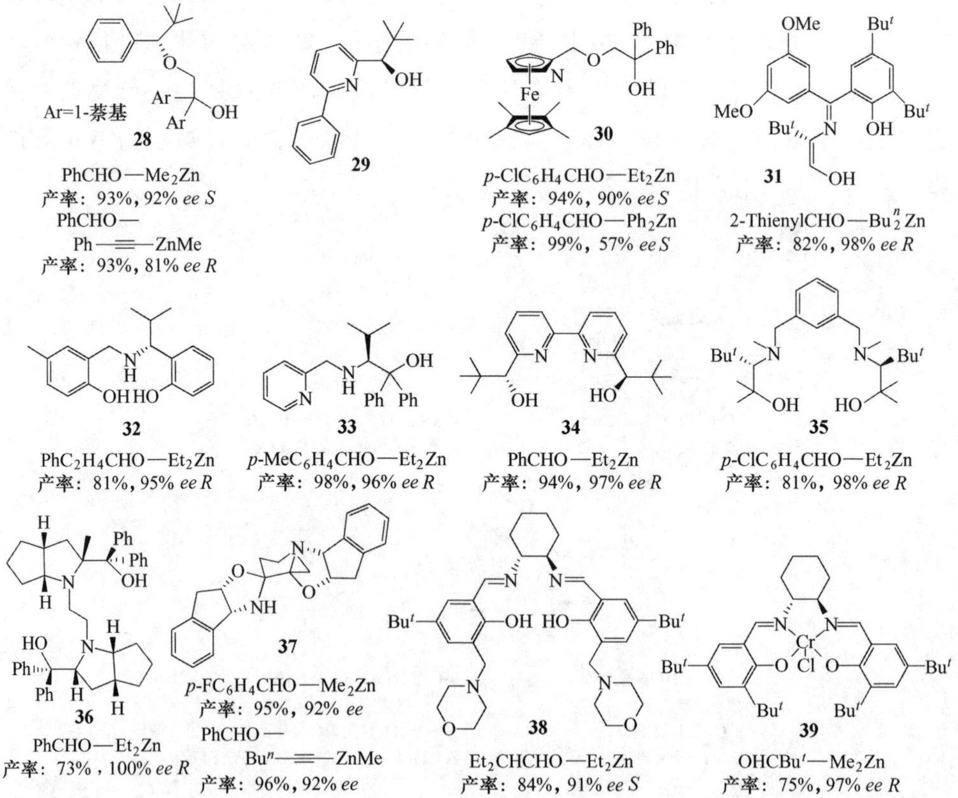

Ar=1-萘基
28
PhCHO—Me_2Zn
产率：93%，92% *ee* *S*
PhCHO—Ph—≡—ZnMe
产率：93%，81% *ee* *R*

29

30
p-ClC_6H_4CHO—Et_2Zn
产率：94%，90% *ee* *S*
p-ClC_6H_4CHO—Ph_2Zn
产率：99%，57% *ee* *S*

31
2-ThienylCHO—Bu^n_2Zn
产率：82%，98% *ee* *R*

32
PhC_2H_4CHO—Et_2Zn
产率：81%，95% *ee* *R*

33
p-MeC_6H_4CHO—Et_2Zn
产率：98%，96% *ee* *R*

34
PhCHO—Et_2Zn
产率：94%，97% *ee* *R*

35
p-ClC_6H_4CHO—Et_2Zn
产率：81%，98% *ee* *R*

36
PhCHO—Et_2Zn
产率：73%，100% *ee* *R*

37
p-FC_6H_4CHO—Me_2Zn
产率：95%，92% *ee*
PhCHO—Bu^n—≡—ZnMe
产率：96%，92% *ee*

38
Et_2CHCHO—Et_2Zn
产率：84%，91% *ee* *S*

39
$OHCBu^t$—Me_2Zn
产率：75%，97% *ee* *R*

图 4-8　化合物 **28～39**

对于 Et_2Zn 与芳香醛和脂肪醛的加成反应，比 N,O-二齿 γ-氨基苯酚更有效。Wu 等人的研究证明 N_2,O-三齿 N-吡啶甲基 β-氨基醇 **33**，在与许多不同芳香醛的加成反应中也能产生高对映选择性。其中，锌与两个氮原子和一个氧原子配位的配合物与化合物 **28** 的配合物非常相似，该配合物被认为是形成羰基的反应途径。

目前已有多种 N_2,O_2-四齿手性配体以 β-氨基醇的二聚体形式被制备，即 C_2-对称配体[47-49]。在早期，Bolm 等人制备了 N_2,O_2-联吡啶二醇如 **34**，并将其用作手性配体，在乙酰丙酮镍(Ⅱ)[$Ni(acac)_2$] 的存在下，将 Et_2Zn 对映选择性加成到芳香醛上。他们详细讨论了反应机理以及手性配体的结构效应。Pedrosa 等人报道了脂肪胺的 C_2-对称配体如 **35**，有效地用于 Et_2Zn 与芳香醛的对映选择性反应。在其他工作中，Martens 等人发现对于苯甲醛的对映选择性乙基化，环胺 **36** 的三齿配体比其单体形式更有效。Liu 和 Wolf 开发了独特的双（噁唑烷）N_2,O_2-配体 **37**，尽管它在氧或氮原子上没有可解离的质子，该配体在 Et_2Zn 和 Me_2Zn 与芳香醛和环己醛的加成反应中具有高的对映选择性。

Salen 是用于 R_2Zn 与羰基的不对称加成反应的非常有用的 N_2,O_2-四齿配体类型[50-51]。DiMauro 和 Kozlowski 开发了几种 Salen 型手性配体，并表明 **38** 的锌配合物在芳香醛和脂肪醛的乙基化反应中具有高对映选择性。如图4-9所示，可能的机理是吗啉甲基取代基的氮原子作为路易斯碱来活化 Et_2Zn，而醛在锌配合物的典型配位位置被活化。Cozzi 和 Kotrusz 则证明，商业上可获得的手性 Salen **39** 的铬（Ⅲ）配合物在 Me_2Zn 与各种醛的加成中能够实现高对映选择性。

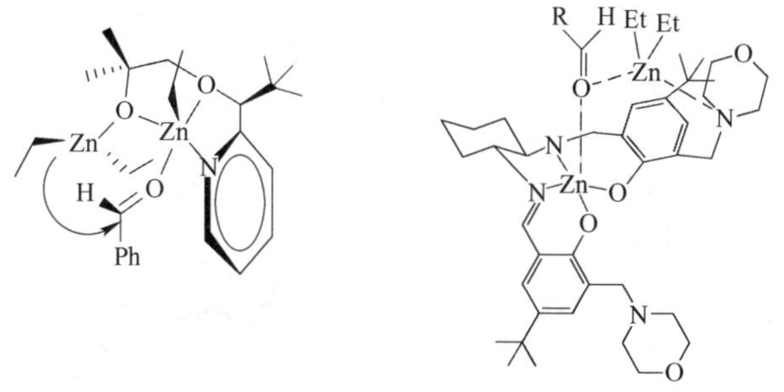

28-T **38-T**

图 4-9 配体 **28-T** 和 **38-T**

E　酰胺配体

除了氨基醇之外，在用于 R_2Zn 与醛的不对称加成的催化剂的手性配体中还引入了多种其他官能团及其组合[52-56]。Knochel 等人应用 Ohno 等人开发的反式-1,2-二氨基环己烷 **40** 的手性双（三氟甲烷磺酰胺）和钛（Ⅳ）配合物体系（见图 4-10），实现了这种官能化锌试剂对芳族、脂族和官能化醛的催化对映选择性加成，并提出过渡态 **40-T1**、**40-T2** 及其立体化学为 R_2Zn 和醛与钛配合物的配位结构（见图 4-11）。最近，其他研究人员将酰胺片段引入配体作为金属螯合基团。Singh 等人制备了反式环己邻二胺的不对称双（磺酰胺）如 **41**，并证明它们的钛（Ⅳ）配合物在 Et_2Zn 对芳香醛和环己烷甲醛的不对称加成中具有非常好的对映选择性。Gau 等人从 10-樟脑磺酸制备了许多 β-羟基磺酰胺，并发现化合物 **42** 的钛（Ⅳ）配合物在 Et_2Zn 对芳香醛的对映选择性加成中具有较好的作用。

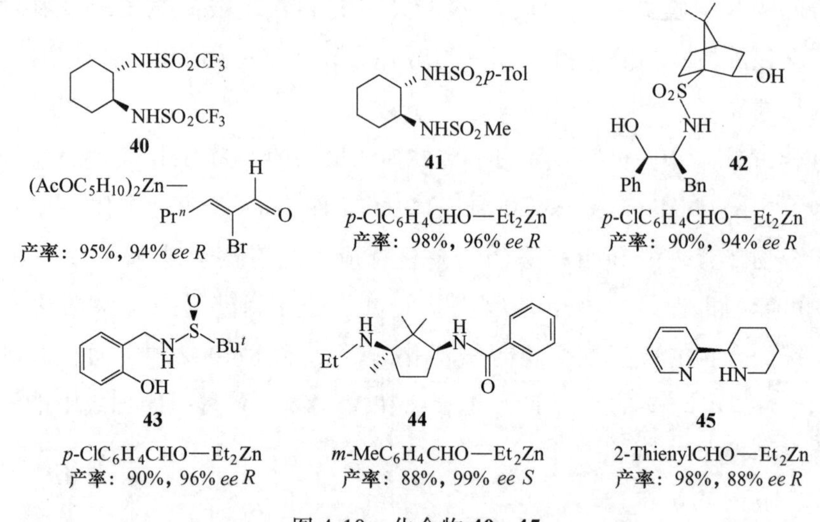

图 4-10　化合物 **40～45**

图 4-11　过渡态 **40-T1** 和 **40-T2**

在不需要其他金属离子的情况下，由 Qin 等人发展的手性磺胺酚 **43** 是 Et_2Zn 与各种芳香醛加成反应的一种良好配体[57]，作者提出，在反应过程中，配体的两个氧原子和一个氮原子与锌配位形成 O,N,O-螯合 6/4 双环过渡态 **43-T**（见图 4-12）。Murtinho 等人在手性配体中引入了苯甲酰胺结构，其研究表明 γ-氨基酰胺如 **44** 对于 Et_2Zn 与芳香醛的对映选择性加成反应非常有效[58]。

43-T **45-T**

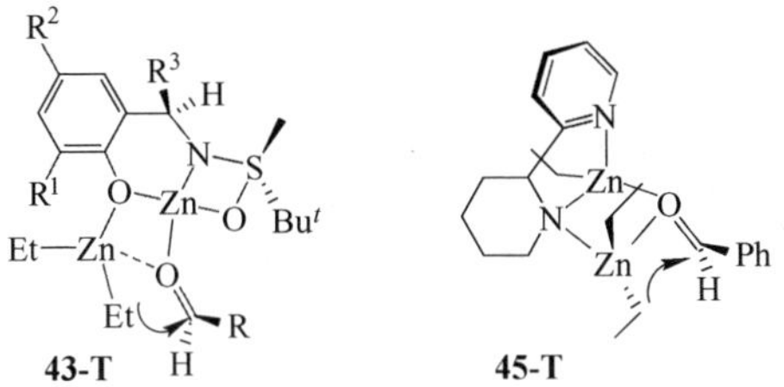

图 4-12 过渡态 **43-T** 和 **45-T**

F 二胺配体

很少有手性 N,N-双齿配体能选择性地将 R_2Zn 加成到醛上。Judeh 等人合成了 β-二胺配体 2-(2--哌啶基)吡啶 **45**，并证明了其对 Et_2Zn 与各种醛的对映选择性加成是有效的[59]。他们提出了一种过渡态 **45-T**，其中烷基锌与哌啶基氮配位用于苯甲醛的乙基化（见图 4-12）。最近，Qi 和 Judeh 开发了一些基于 1,10-双（异喹啉）的配体，并表明化合物 **46** 对于芳香醛的对映选择性乙基化效果很好（见图 4-13）[60]。

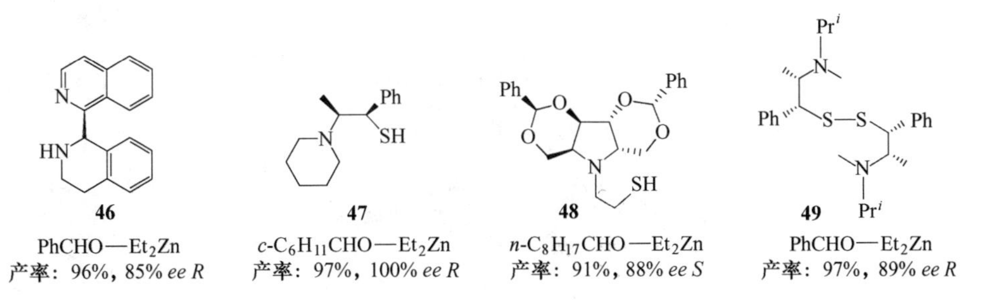

46	**47**	**48**	**49**
PhCHO—Et_2Zn	c-C_6H_{11}CHO—Et_2Zn	n-C_8H_{17}CHO—Et_2Zn	PhCHO—Et_2Zn
产率：96%，85% *ee R*	产率：97%，100% *ee R*	产率：91%，88% *ee S*	产率：97%，89% *ee R*

图 4-13 化合物 **46**~**49**

G β-氨基硫醇配体

一些 β-氨基硫醇及其衍生物或类似物已被证明是二烷基锌试剂对醛的对映选择性加成的有效配体（见图 4-13）[61-63]。Kang 等人研究了一些具有大环氨基的β-氨基仲硫醇，结果表明化合物**47**实现了Et_2Zn对芳香醛、脂肪醛和二茂铁-醛的高对映选择性加成。Masaki 等人的研究表明衍生自 *D*-甘露醇的基于吡咯烷的伯硫醇**48**作为Et_2Zn加成到芳香醛和脂肪醛的手性配体效果良好，在与苯甲醛的加成反应中，其催化能力比相应的β-氨基醇好得多。在其他工作中，Peper 等人发现衍生自麻黄碱的二硫化物如**49**，作为手性配体与苯甲醛反应，并推测二硫键被Et_2Zn断裂形成硫醇盐。

H　二醇：BINOLs 和 TADDOLs

联萘酚（BINOLs）和 α,α,α′,α′-四芳基-1,3-二氧戊环-4,5-二甲醇（TADDOLs）是一类手性二醇骨架，已被用作二烷基锌试剂对醛的对映选择性加成的手性配体[64-65]。Kitajima 等人发现在 3,3′-位上含有酰胺官能团的 BINOL 衍生物如**50**（见图 4-14），是Et_2Zn加成到各种醛（线性脂肪醛除外）的有效配体，这表明酰胺羰基和溶剂分子与中间体中的锌原子的配位在转化中是重要的（见图 4-15 中**50-T**）。Huang 等人发现另一个 3,3′-取代的 BINOL 配体**51**，在Et_2Zn加成到许多不同的醛中实现了优异的对映选择性。

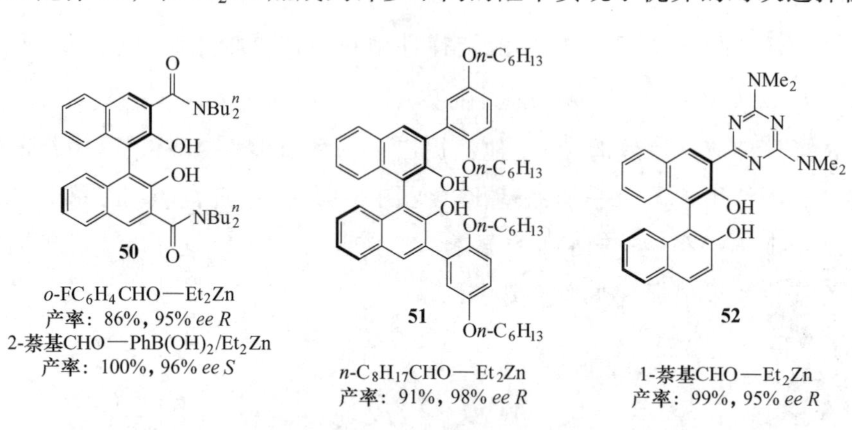

图 4-14　化合物 **50～52**

图 4-15　过渡态 **50-T** 和 **54-T**

到目前为止，已经合成了多种带有其他官能团的 BINOL 衍生物，包括在 3,3′-位上的氨基三嗪（**52**）、磷酰胺（**53**）和吡啶基（**54**）基团见图4-16，并将其用作高效手性配体[66-68]。Li 等人将化合物 **52** 的钛（Ⅳ）配合物应用于 Et_2Zn 对芳香醛的对映选择性加成。配体 **53** 和 **54** 两者都能够在没有其他路易斯酸如四异丙氧基钛［$Ti(OPr^i)_4$］的情况下起作用。基于配体 **54** 的优化转换模型，Snieckus 等人提出了另一种过渡模式（见图 4-15 中 **54-T**），其中配位的锌原子的作用与 Katsuki 模型中的锌原子的作用不同。

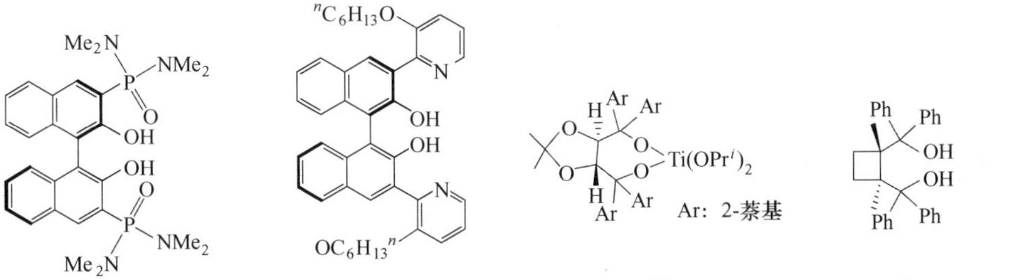

Ar：2-萘基

53	**54**	**55**	**56**
p-$CF_3C_6H_4CHO$—Bu^n_2Zn	*o*-$MeOC_6H_4CHO$—Et_2Zn	PhC_2H_4CHO—Et_2Zn	PhCHO—Et_2Zn
产率：91%，97% *ee R*	产率：99%，97% *ee R*	产率：89%，96% *ee S*	产率：79%，88% *ee R*

图 4-16 化合物 **53**～**56**

与上述 BINOL 衍生物相比，大多数 TADDOL 衍生物除了两个羟基氧原子外没有额外的配位原子，并且主要用作钛（Ⅳ）配合物[69-70]。Seebach 等人广泛研究了许多 TADDOL 钛配合物，如化合物 **55**，并报道了 Et_2Zn 对芳香醛和脂肪醛的高对映选择性加成。一些类似物如 **56** 也被证明是 Et_2Zn 加成到苯甲醛的良好手性配体。据推测，反应活性和选择性由七元金属环上的芳基取代基和与钛配位的醛之间的空间相互作用控制。

4.2.1.2 烯基锌

除了通过氧化加成直接制备乙烯基锌试剂外，学者们还开发了诸如炔烃的氢金属化和金属转移的方法（见式（4-4））[71-72]。Oppolzer 和 Radinov 通过炔烃硼氢化反应制备了烯基锌试剂，然后进行硼-锌金属交换，在 DAIB（**3**）存在下，在芳香醛和脂肪醛的不对称加成中实现了良好的对映选择性。后来，Wipf 和 Ribe 开发了一种通过用二茂锆盐酸盐处理末端炔烃，然后用 Me_2Zn 进行金属转移来制备乙烯基锌试剂的方法，他们研究了几种 *β*-氨基醇

和 γ-氨基硫酚作为手性配体，发现化合物 **55** 对于乙烯基锌试剂与芳香醛的对映选择性加成反应非常有效。在其他工作中，Soai 等人直接通过溴化锌（$ZnBr_2$）、异丙烯基溴和锂的反应制备二异丙烯基锌。他们使用手性 β-氨基醇（如 **4**）作为配体，以高对映选择性催化二乙烯基锌试剂与苯甲醛的反应。

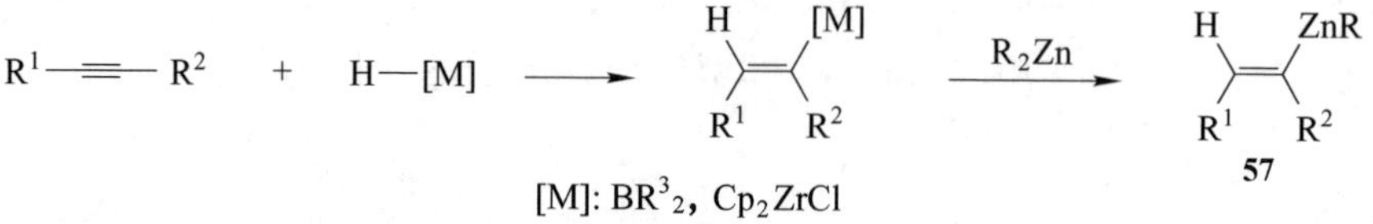

$$R^1-\equiv-R^2 \quad + \quad H-[M] \longrightarrow (H)(R^1)C=C([M])(R^2) \xrightarrow{R_2Zn} (H)(R^1)C=C(ZnR)(R^2) \; \mathbf{57}$$

[M]: $BR^3{}_2$, Cp_2ZrCl

（4-4）

许多研究小组已经将 Oppolzer 的方法用于他们新开发的配体[73-76]。Chan 的小组制备了 Betti 碱衍生物 **59a** 作为配体，用于乙烯基甲基锌与各种醛的高对映选择性加成。Uang 等人通过使用 γ-氨基硫醇配体 **60**（见图 4-17），在芳香醛和环己烷甲醛的乙烯化反应中实现了高对映选择性。他们还成功地制备了内炔 3-己炔的烯基锌试剂。Seto 等人开发了许多基于二肽的氨基硫醚配体，并表明配体 **61** 对芳香醛和 α-支化醛都有效。Bräse 的小组制备了基于对环芳烷的 γ-亚氨基苯酚，如配体 **62**，在各种乙烯基锌试剂（通过炔烃硼氢化制备）与脂肪醛和苯甲醛的加成反应中也实现了高对映选择性。

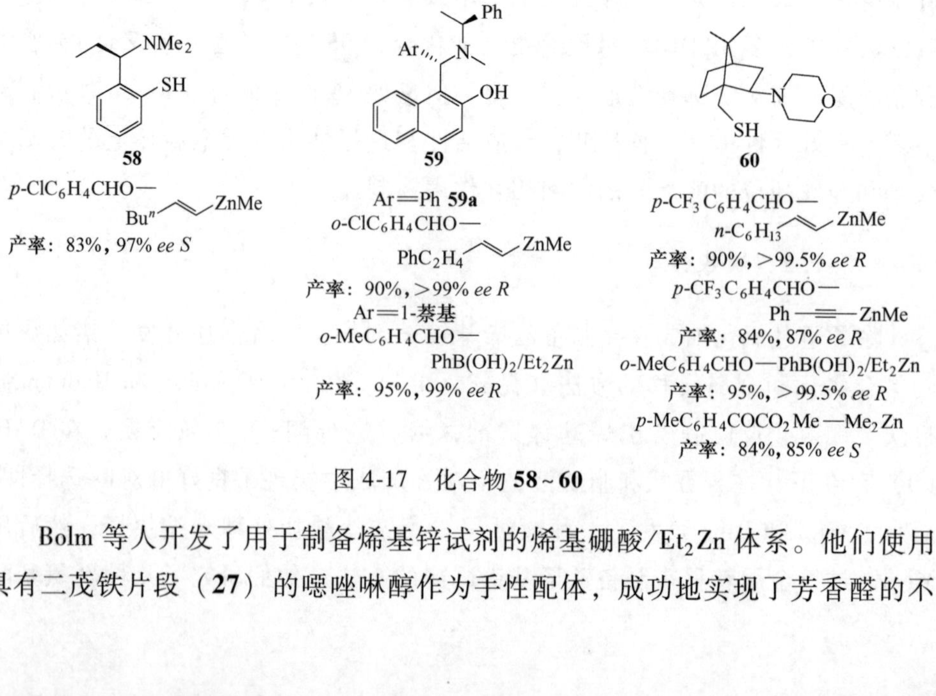

58

p-ClC_6H_4CHO—Bu^nCH=CH-ZnMe

产率：83%，97% *ee S*

59

Ar═Ph **59a**

o-ClC_6H_4CHO—PhC_2H_4CH=CH-ZnMe

产率：90%，>99% *ee R*

Ar═1-萘基

o-MeC_6H_4CHO—$PhB(OH)_2/Et_2Zn$

产率：95%，99% *ee R*

60

p-$CF_3C_6H_4CHO$—n-C_6H_{13}CH=CH-ZnMe

产率：90%，>99.5% *ee R*

p-$CF_3C_6H_4CHO$—Ph—≡—ZnMe

产率：84%，87% *ee R*

o-MeC_6H_4CHO—$PhB(OH)_2/Et_2Zn$

产率：95%，>99.5% *ee R*

p-$MeC_6H_4COCO_2Me$—Me_2Zn

产率：84%，85% *ee S*

图 4-17　化合物 **58**～**60**

Bolm 等人开发了用于制备烯基锌试剂的烯基硼酸/Et_2Zn 体系。他们使用具有二茂铁片段（**27**）的噁唑啉醇作为手性配体，成功地实现了芳香醛的不对称加成。此外，Sato 等人最近发展了一种新的方法，通过三烯基铋与 Me_2Zn 之间的金属转移反应直接制备末端和支化的烯基锌试剂，并通过使用 **63**（**4** 的对映体）作为手性配体实现了对芳香醛的高对映选择性加成。通过炔烃的氢金属化和金属转移制备的烯基锌试剂提供了（*E*）-烯基锌试剂。然而，Walsh 等人由二环己基硼烷和 1-卤代-1-炔反应，然后用叔丁基锂处理并用 Et_2Zn 进行金属转移，制备了（*Z*）-烯基锌试剂。在四乙基乙二胺存在下，(*Z*)-烯基锌试剂和 *β*-氨基醇(－)-MIB **64**（**14** 的对映体）有效地反应得到对映体富集的（*Z*）-烯丙醇，这是防止锂盐（LiX）外消旋化的关键（见图 4-18）。他们的研究还表明，通过螯合控制，烯基锌试剂对手性 *α*-甲硅烷氧基醛的加成具有高的非对映选择性[77-80]。

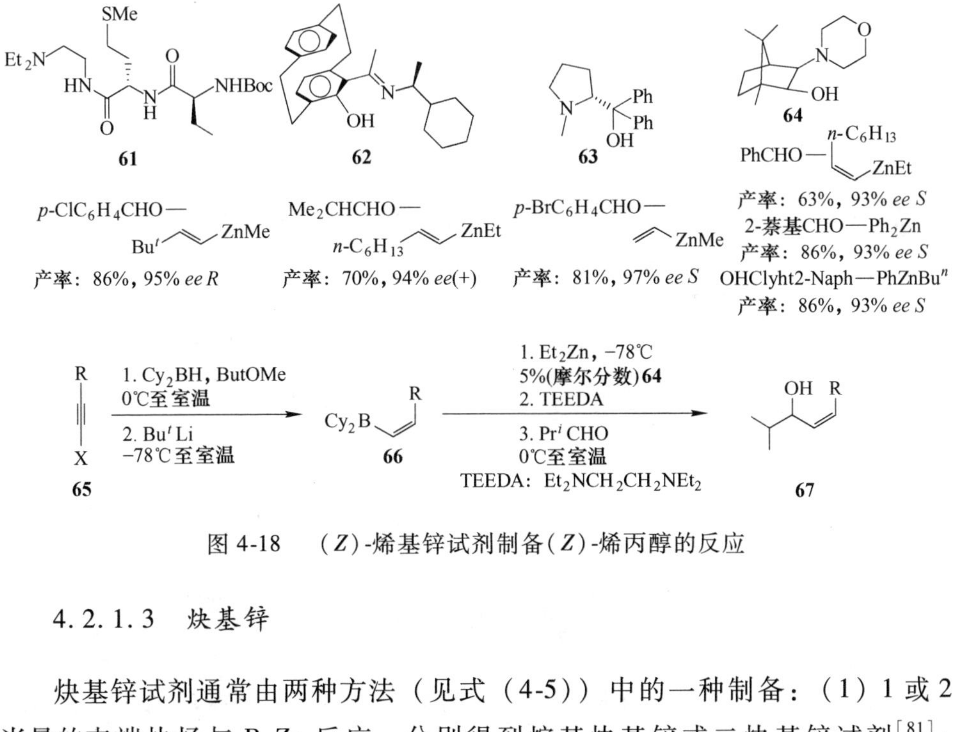

SMe, Et_2N, HN, NHBoc, OH, Ph, O

61 **62** **63** **64**

p-ClC_6H_4CHO—Bu^tZnMe 产率：86%，95% *ee R*

Me_2CHCHO—n-C_6H_{13}ZnEt 产率：70%，94% *ee*(+)

p-BrC_6H_4CHO—ZnMe 产率：81%，97% *ee S*

PhCHO—n-C_6H_{13} ZnEt 产率：63%，93% *ee S*

2-萘基CHO—Ph_2Zn 产率：86%，93% *ee S*

OHClyht2-Naph—$PhZnBu^n$ 产率：86%，93% *ee S*

65（R, X）：1. Cy_2BH, ButOMe，0℃至室温；2. Bu^tLi，−78℃至室温 → Cy_2B **66** → 1. Et_2Zn，−78℃，5%(摩尔分数)**64**；2. TEEDA；3. Pr^iCHO，0℃至室温 → **67**（OH, R）

TEEDA：$Et_2NCH_2CH_2NEt_2$

图 4-18 (*Z*)-烯基锌试剂制备(*Z*)-烯丙醇的反应

4.2.1.3 炔基锌

炔基锌试剂通常由两种方法（见式（4-5））中的一种制备：（1）1 或 2 当量的末端炔烃与 R_2Zn 反应，分别得到烷基炔基锌或二炔基锌试剂[81]；（2）在胺存在下，末端炔烃与锌盐反应，卤化炔基锌试剂[82]。

$$R^1—\equiv + R_2Zn \longrightarrow R^1—\equiv—ZnR \text{ 或 } (R^1—\equiv)_2Zn + R—H$$

$$R^1—\equiv + ZnX_2 + R_3N \longrightarrow R^1—\equiv—ZnX + R_3NHX \qquad (4\text{-}5)$$

Ishizaki 和 Hoshino 发现三齿吡啶醇 **28** 对炔基乙基锌试剂的芳香醛和脂肪醛的对映选择性炔基化反应有效，但对二炔基锌试剂的对映选择性炔基化反应无效。他们还开发了几种双齿手性配体，用于与 R_2Zn 类似的加成反应。Li 等人的研究结果表明，麻黄碱衍生物（如 **68**）可催化末端炔烃与各种芳香醛的对映选择性加成反应，并具有良好的对映选择性。Chan 等人研究了一些联萘衍生的 β-氨基醇与七元环叔胺作为手性配体的不对称炔基化反应，发现配体 **69** 对苯乙炔与芳香醛的对映选择性加成反应是有效的[83-84]（见图 4-19）。

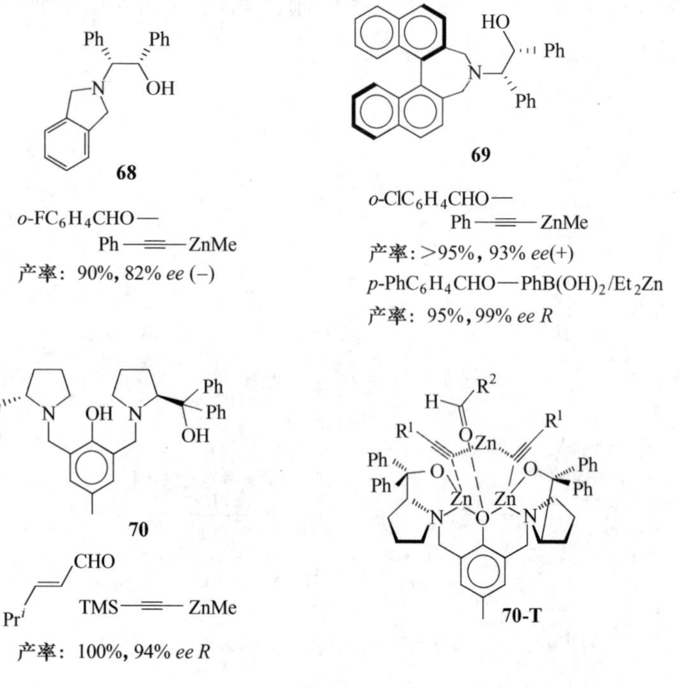

68

o-FC_6H_4CHO—Ph—≡—ZnMe

产率：90%，82% *ee* (–)

69

o-ClC_6H_4CHO—Ph—≡—ZnMe

产率：>95%，93% *ee*(+)

p-PhC_6H_4CHO—$PhB(OH)_2/Et_2Zn$

产率：95%，99% *ee R*

70

CHO / Pr^i — TMS—≡—ZnMe

产率：100%，94% *ee R*

70-T

图 4-19 化合物 **68**~**70** 和过渡态 **70-T**

Trost 等人合成了含两个脯氨醇单元的酚配体 **70**，并将其应用于不饱和醛的不对称炔基化反应[85-86]。他们提出了一种催化机理，其中 **70** 的双核锌配合物与 2 当量的炔基锌配位以控制立体化学（**70-T**）。由 Hirose 等人开发 γ-氨基酚 **71**，在苯乙炔/Et_2Zn 体系对于芳香醛的对映选择性炔基化反应中实现了良好的选择性。

Carreira 等人开发了末端炔烃/三氟甲磺酸锌［$Zn(OTF)_2$］体系制备炔

基锌试剂。该体系只需要催化量的锌，并且所得到的炔基三氟甲磺酸锌易于处理，因为它比 R_2Zn 更耐氧和湿气[82]。使用 N-甲基麻黄碱 **72**（见图4-20）作为手性配体，他们通过各种末端炔烃（包括含有羟基的末端炔烃）实现了芳香醛和脂肪醛的高对映选择性炔基化。应用他们的方法，Jiang 等人的研究表明在 γ-位具有甲硅烷基醚基团的 β-氨基醇 **73** 对于芳香醛和脂肪醛的炔基化是非常有效的[87]。

OH NH2
Bu^t Bu^t
Bu^t
71
p-BrC6H4CHO—
Ph—≡—ZnEt
产率：98%, 89% ee R
p-BrC6H4B(OH)2/Et2Zn
产率：92%, 99% ee R

Ph
HO NMe2
72
c-C6H11CHO
PhC2H4—≡—ZnOTf
产率：98%, 99% ee R

OH
TBDMSO
NMe2
NO2
73
Me2CHCHO—
PhC2H4—≡—ZnOTf
产率：99%, >99% ee R
PhCOCO2Me—
C2H4Ph—≡—ZnOTf
产率：88%, 94% ee (+)

图 4-20 化合物 **71**～**73**

各种手性配体钛（Ⅳ）体系也已应用于醛的不对称炔基化[88-90]。Wang 等人的研究显示在 $Ti(OPr^i)_4$ 存在下，手性羟基磺酰胺 **74**（见图 4-21）可实现使用 Et_2Zn 将苯乙炔高对映选择性加成到芳族和脂族醛上。他们发现，在没有钛（Ⅳ）的条件下，由天然苯丙氨酸制备的简单噁唑烷配体 **75** 在类似条件下对芳香醛也同样有效。在其他一些研究工作中，Hui 等人在 $Ti(OPr^i)_4$ 存在下，使用苯乙炔/Et_2Zn 体系，C_2-对称的四齿酰胺醇如 **76** 可以在炔基化反应中提供高的对映选择性。他们还发现，在类似条件下，β-羟基酰胺 **77** 也能实现丙炔酸酯与脂肪醛的高度对映选择性加成。

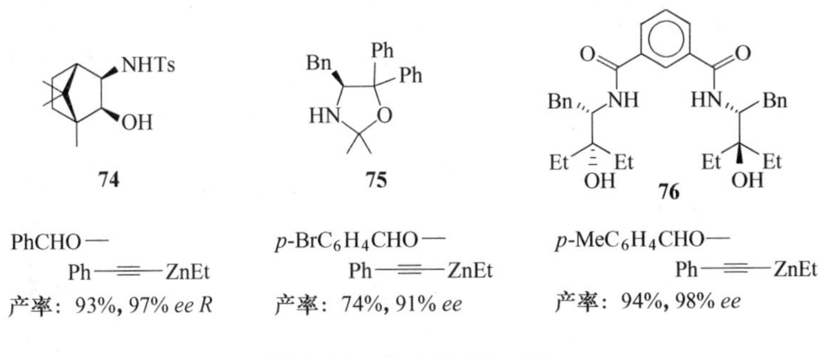

图 4-21 化合物 **74**～**76**

Uang 等人的研究证明了 γ-氨基硫醇 **57** 作为手性配体用于芳香族和脂肪族末端炔烃与各种醛的加成反应具有良好的对映选择性[91]。Hou 等人的研究表明具有噁唑啉单元的手性二茂铁衍生物（如 **78**），是苯乙炔与芳香醛和脂肪醛不对称加成的良好配体[92]（见图 4-22）。

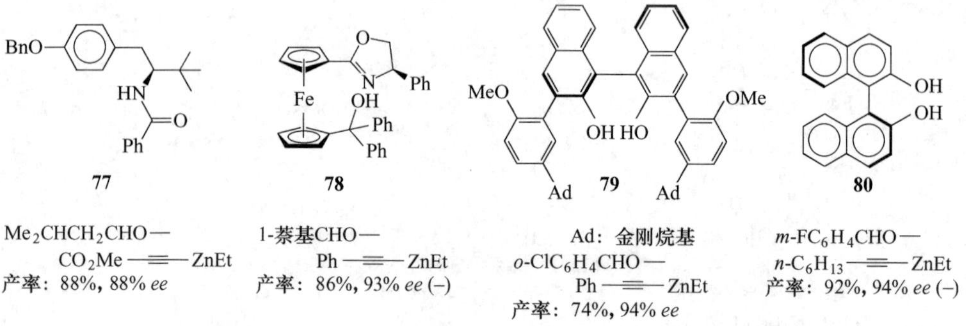
BnO
HN
O
Ph
77
Me2CHCH2CHO—
CO2Me —≡— ZnEt
产率：88%, 88% ee
Fe
O
N
Ph
OH
Ph
Ph
78
1-萘基CHO—
Ph —≡— ZnEt
产率：86%, 93% ee (–)
MeO
OMe
OH HO
Ad
79
Ad
Ad：金刚烷基
o-ClC6H4CHO—
Ph —≡— ZnEt
产率：74%, 94% ee
OH
OH
80
m-FC6H4CHO—
n-C6H13 —≡— ZnEt
产率：92%, 94% ee (–)

图 4-22　化合物 **77**～**80**

学者们还制备了许多四齿手性配体[93-95]。Wolf 和 Liu 使用他们的 N_2，O_2-配体 **37** 成功地以高对映选择性实现了各种乙炔对芳香醛和脂肪醛的催化加成。Pu 等人发现在不使用 $Ti(OPr^i)_4$ 的情况下，在 3-和 3′-位具有大体积取代基的 BINOL 衍生物 **79** 对于苯乙炔与芳香醛的对映选择性加成非常有效。而 Yu 等人的研究则表明在钛（Ⅳ）的存在下，BINOL **80** 能够实现线性脂肪族末端炔烃与各种芳香醛的高对映选择性加成。

4.2.1.4　芳基锌

尽管二苯基锌（Ph_2Zn）是商业化的试剂，但其他官能化的芳基锌试剂仍然需要自行制备[96-99]。目前已经报道了几种制备这类试剂的方法（见式(4-6)），第一种方法是使用二芳基锌（Ar_2Zn）/Et_2Zn 混合物。这里，Et_2Zn 的存在有效地降低了 Ar_2Zn 的亲核性。第二种制备方法也可能是最常用的方法，是芳基硼化合物如硼酸、三芳基硼烷或硼氧杂环己烷与 R_2Zn 的金属转移反应。当然也可采用卤化锌直接芳基化、芳基碘化物（ArI）和 R_2Zn 在乙酰丙酮锂[Li(acac)]催化下的反应等。

$$Ar_2Zn + Et_2Zn \longrightarrow 2ArZnEt$$

$$ArBX_2 + R_2Zn \longrightarrow ArZnR + RBX_2$$

X：OH, Ar

X_2: $(OBAr)_2O$

$$2ArBr + ZnCl_2 + 2Bu^nLi \longrightarrow Ar_2Zn + 2Bu^nBr + 2LiCl$$

$$ArI + R_2Zn \xrightarrow{Li(acac)} Ar_2Zn + RI_2$$

(4-6)

Fu 等人首次成功地用二茂铁型氨基醇 **30** 影响 Ph_2Zn 对对氯苯甲醛的催化不对称加成[43]。后来，Bolm 等人的研究结果表明，使用 Ph_2Zn/Et_2Zn 体系，手性二茂铁基噁唑啉醇 **27** 能够实现各种醛的高对映选择性芳基化[97]。他们还证明，相同的配体对于芳基硼酸［$ArB(OH)_2$］或三苯基硼烷（Ph_3B）与 Et_2Zn 的组合能够有效地用于各种醛的对映选择性芳基化。在后一体系中，他们证明了 Ph_3B 中大约 2/3 的苯基可用于苯基化。

Huang 和 Pu 等人发现，含有吸电子氟原子的 BINOL 衍生物（如 **81**）的锌配合物可以催化 Ph_2Zn 与芳香醛的高对映选择性加成，得到二芳基甲醇（见图 4-23）。他们提出了一种类似于配合物 **54** 所描述的过渡状态。显然，手性氨基醇是各种醛进行对映选择性芳基化的有效配体[100-102]。使用 Ph_2Zn/Et_2Zn 体系，Pericäs 等人通过使用 β-环氨基醇如 **13**，成功地实现了芳香醛和脂肪醛的对映选择性苯基化。Braga 等人还从天然氨基酸开始开发了各种手性配体，并表明不仅 β-氨基醇如 **82**，而且噻唑烷酯如 **83** 使用 $ArB(OH)_2/Et_2Zn$体系也可用于芳香醛的对映选择性芳基化。此外，Uang 等人表明 γ-氨基硫醇 **60** 也非常适用于使用相同体系的各种芳香醛的对映选择性芳基化。

F F On-C_6H_{13} OH OH On-C_6H_{13} F F

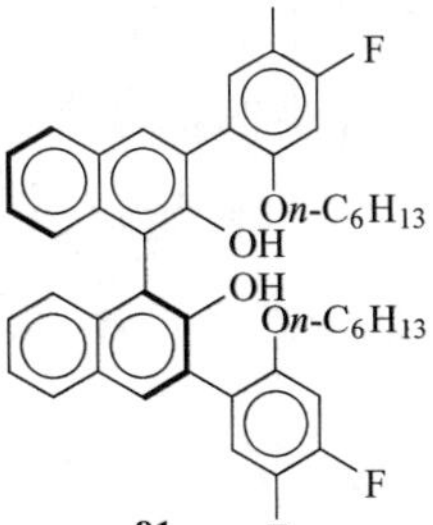

81

p-ClC_6H_4CHO—Ph_2Zn
产率：92%, 95% *ee S*

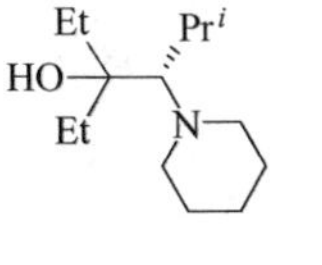

Et Pr^i HO Et N

82

p-MeC_6H_4CHO—
$PhB(OH)_2/Et_2Zn$
产率：88%, 75% *ee R*

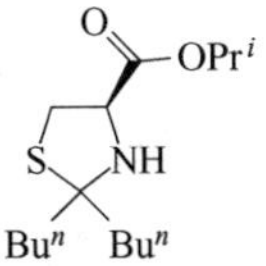

O OPr^i S NH Bu^n Bu^n

83

PhCHO—
p-$MeOC_6H_4B(OH)_2/Et_2Zn$
产率：90%, 80% *ee R*

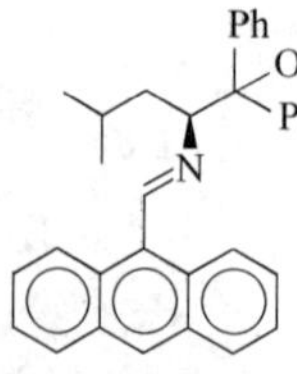

84
p-$MeOC_6H_4CHO$—
2-噻吩基$B(OH)_2/Et_2Zn$
产率：81%，96% *ee* (–)

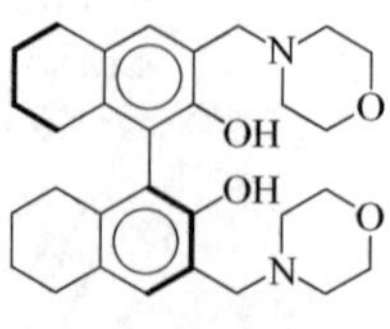

85
c-$C_6H_{11}CHO$—
$(m$-$MeOC_6H_4)_2Zn$
产率：93%，>99% *ee* *R*

图 4-23 化合物 **81**～**85**

Chan 等人的研究结果表明 γ-氨基萘酚 **59b** 和 β-氨基醇 **69** 对于使用 $ArB(OH)_2/Et_2Zn$ 体系的各种芳香醛的高对映选择性芳基化是有效的，他们的研究结果还证明了配体 **69** 不仅能够作用于 $ArB(OH)_2$，而且能够作用于正丁基硼酸和二茂铁硼酸且给出中等的 *ee* 值。Hirose 等人发现 γ-氨基酚 **71**，在使用相同的提供芳基锌的体系中，也可用于芳香醛的高对映选择性芳基化。最近，Šebesta 等人的研究结果表明，使用配体 **27** 能将各种芳基对映选择性地加成到二茂铁-醛（带有 δ-氨基醇的二茂铁片段）上[103-105]。

还有一些研究小组证明了 $ArB(OH)_2/Et_2Zn$ 系统的适用性[106-108]。结果表明，3,3′-二羧酸氨基 BINOL **50** 能很好地实现芳香醛和脂肪醛的高对映选择性苯基化，并且芳香醛的芳基化可以用手性二茂铁基氮丙啶醇 **20** 进行。在其他研究工作中，Wang 等人证明使用 2-噻吩硼酸/Et_2Zn 与手性亚氨基醇 **84** 的组合作为配体，可以实现噻吩基对各种芳香醛的高对映选择性加成。

赵等人使用芳基硼氧烷$[(ArBO)_3]/Et_2Zn$ 体系作为芳基源，使用脯氨酸衍生的 β-氨基醇 **4** 为配体，实现了芳香醛的对映选择性加成反应[98]。Kim 和 Walsh 比较了两种不同的芳基锌试剂，即 Ar_2Zn 和芳基正丁基锌，二者可分别通过卤化锌的直接芳基化和芳基卤化锌与正丁基锂的反应制备，他们使用这两种试剂与 β-氨基醇配体 **64** 实现了各种醛的高对映选择性芳基化[99]。在另一项研究中，Pu 等人在 Li(acac) 存在下由 Et_2Zn 和官能化的 ArI 制备 AR_2Zn，并通过使用吗啉代 BINOL 类似物 **85**，成功地实现了芳香醛和脂肪醛的高对映选择性芳基化[109]。

到目前为止，已有许多有效的手性配体可用于有机锌与各种醛的加成反应。然而，出于可获得性和灵活性等原因，当尝试合成手性仲醇时，氨基异冰片衍生物**3**、**14**和**64**是配体的优先选择。如果原料容易获得，苯丙醇胺和麻黄碱衍生物如**5**、**8**和**72**也是有效的配体。

4.2.1.5 自催化和手性转换反应

在R^2Zn与醛的加成反应中，自催化烷基化和手性转换或双立体选择性是非常令人感兴趣的课题（见式（4-7））[110]。前者是自我复制体系，其中产物本身起手性催化剂的作用。它不仅是一个合成上重要的体系，可以使手性放大，而且当考虑同手性的起源时，它在科学上也是十分有趣的。后者也提供产物手性控制，但在这种情况下是通过手性配体的结构改变或修饰来保持其绝对构型。尽管这些主题相对较新，但大约20年前就有一些研究报道，并且Kim在一篇综述中提到了这些研究。手性转换扩展了手性化合物的合成通用性，例如只有一种对映体的天然产物[111]。

（4-7）

A 自催化反应

自从观察到第一个自动催化体系以来，Soai等人已经发展了该方法并实现了几个新的体系，其中使用嘧啶基烷醇**86**的体系提供了最高的对映选择性[112]。由于他们已经全面回顾了他们自己在自动催化方面的工作，本节将重点介绍其他研究小组的工作。Jiang等人发现（*R*）-1-苯基丙醇能够实现不对称自催化，但化学活性和手性诱导水平较低。然而有趣的是，加入空间位阻大的非手性胺，如二环己胺，提高了化学反应性和不对称自诱导，定量地提供了51%的*ee*。

二茂铁甲醛也被证明是自催化反应的有效底物[113-114]。Brocard等人发现基于二茂铁的δ-氨基醇**87**在乙基金属试剂的对映选择性加成中作为自催化配体，特别是在Et_2Zn与醛的加成中表现出高活性。Fukuzawa等人观察到当使用具有额外立体中心的**88**时，Me_2Zn和Et_2Zn发生高度相似的反应，并且他们提出了如式（4-8）所示的机理。

（4-8）

最近，Carreira 等人报道了一种应用于酮的先进体系。他们通过使用环丙基乙炔、正己基锂和 Et_2Zn 的体系，在少量 **89** 和（1*R*，2*S*）-1-苯基-2-(1-吡咯烷基）丙醇（**8** 的对映体）的存在下，实现了叔醇 **89** 的化学计量对映选择性合成，叔醇 89 是药物依法韦伦合成中的关键中间体[115-116]。他们发现该系统在 250mmol 的规模上是有效的，其 *ee* 为 99.5%，但在不存在第二手性催化剂的情况下是非对映选择性的（见图 4-24）。考虑到外部催化剂对 **89** 的 N-特戊酰体系和相应酮的影响的差异，有必要进一步研究，以阐明该特定自催化体系的明显且复杂的机理特征。

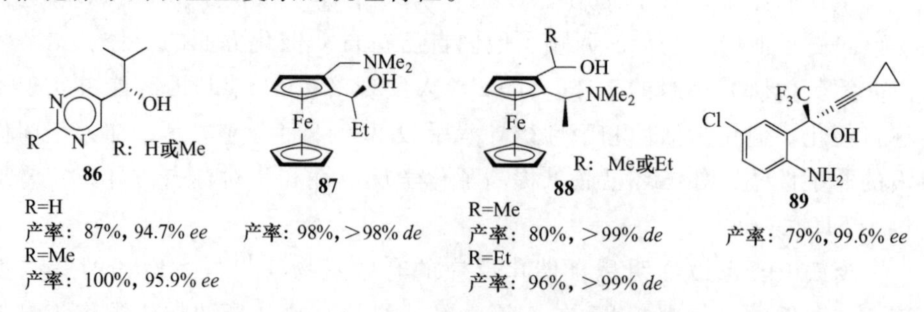

图 4-24　化合物 **86**～**89**

B　手性转换反应

如图 4-25 所示，Kimura 等人发现 *β*-氨基醇配体 **90a** 和 **90b** 在 Et_2Zn 与苯

甲醛和庚醛的加成反应中以高对映选择性提供相反的对映体[117]。尽管作者没有详细讨论机理，但推测配体氮原子上取代基的电子效应对这些结果有显著贡献。Kim 等人报道了具有相同手性的羟甲基的 β-氨基醇 **91** 和 **92** 分别选择性地生成（R）-和（S）-1-苯基丙醇[118]。图 4-26 中显示的过渡状态模型，**91** 中的苯基和 **92** 中的环己基被推断为对产物的手性有贡献。

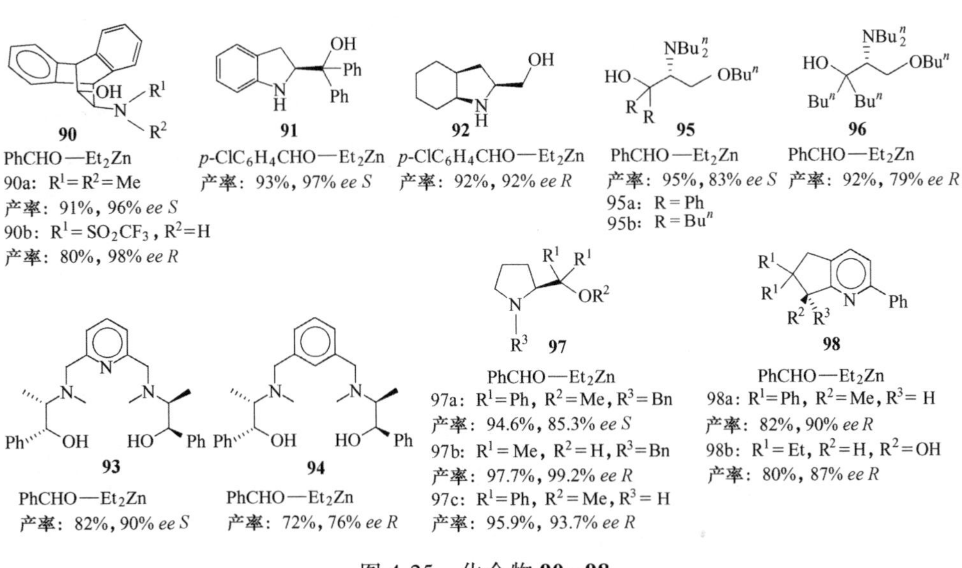

图 4-25 化合物 **90**~**98**

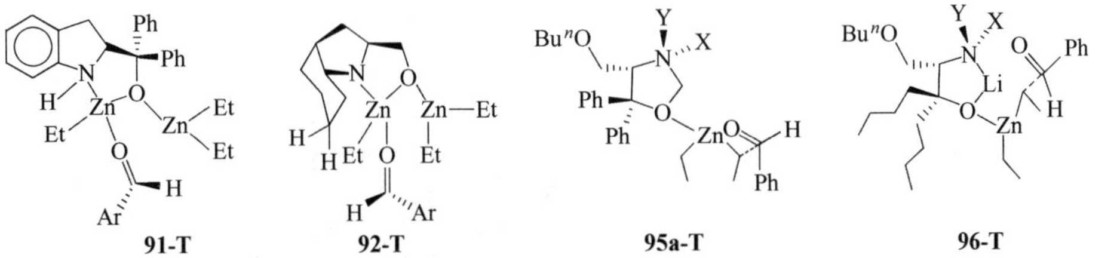

91-T 92-T 95a-T 96-T

图 4-26 过渡态 **91-T**、**92-T**、**95a-T** 和 **96-T**

在另一项研究中，Williams 和 Fromhold 发现 C_2-对称的 N_2,O_2-配体 **93** 和 **94** 在与芳香醛的加成反应中提供了相反的对映选择性。Sibi 等人报道了具有相同手性的 N_2,O_2-三齿 β-氨基醇 **95a** 和 **96** 在正丁基锂存在下分别得到（S）-和（R）-1-苯基丙醇。除了存在于立体中心的空间因素，即氮原子和丁氧基甲基上的取代基外，手性控制归因于芳族和脂族取代基之间的弱相互作用和/或空间差异（见图 4-26）。然而，由于 **95a** 和 **95b** 之间相反的选择性，该特定反应的机理并不完全清楚[119]。

Wang 等人报道了使用环氨基醇、基于脯氨酸的 β-N,O-双齿配体可以得到类似的结果，其中他们发现 **97a** 提供（*S*)-对映体，而 **97b** 和 **97c** 提供(*R*)-对映体。表明二烷基甲醇部分的体积与氮原子上的体积大的取代基一起控制产物的立体化学[120]。在其他工作中，Kang 等人发现具有相反手性的吡啶醇配体 **98a** 和 **98b** 对于 Et_2Zn 与苯甲醛的加成反应得到相同的产物。两个孪位乙基的取代基效应是明显的[121]。

Burguete 等人报道了有趣的实验结果（见图 4-27)，即使用 α-氨基酰胺的单体镍配合物 **99** 和二聚体镍配合物 **100** 产生的 1-芳基丙醇的一组对映体。尽管活性催化剂的结构似乎非常不同，但有趣的是，相同的配体提供了靶分子的两种对映体[122]。最近，Hirose 等人报道了使用具有相同手性的 γ-氨基磺酰胺 **101** 和 **102** 的区域异构体，通过 Et_2Zn 与各种醛的对映选择性加成来产生（*R*)-和（*S*)-仲醇[123]。

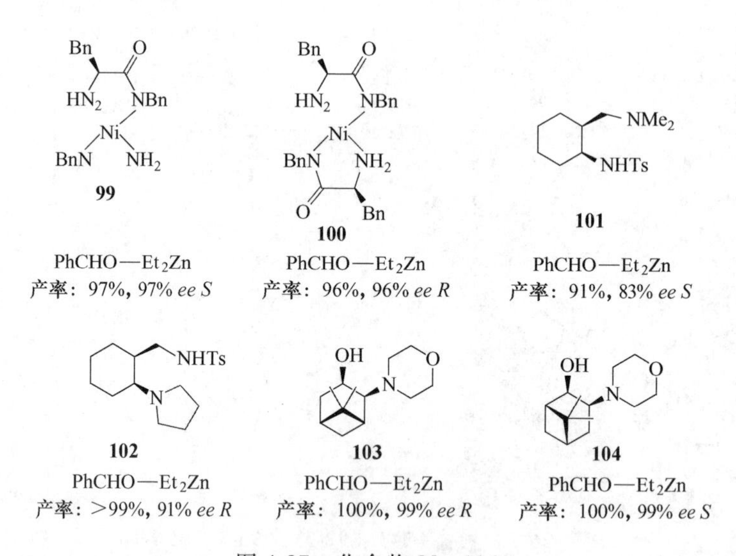

图 4-27　化合物 **99～104**

Singaram 等人制备了区域异构的氨基醇配体 **103** 和 **104**，并将其应用于 Et_2Zn 和 Me_2Zn 与芳香醛和脂肪醛的加成，以非常高的选择性获得相反的对映体[124]。二者几乎作为立体控制中的对映体起作用（见图 4-28)。考虑到它们是由相同的原料 β-蒎烯制备的，相反的对映选择性在合成上是非常有用的。

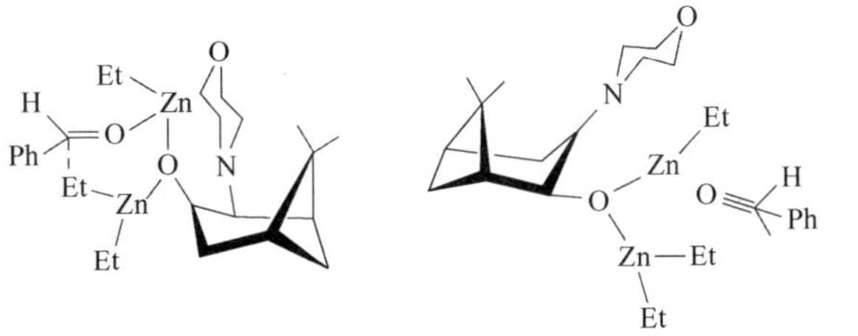

103-T　　104-T

图 4-28　过渡态 **103-T** 和 **104-T**

4.2.2　与酮类化合物的加成反应

R_2Zn 与酮的对映选择性反应比与醛的对映选择性反应更具挑战性，这是由于它们的反应活性较低且在羰基上存在更大的空间位阻。这个问题首先通过用 $Ti(OPr^i)_4$（比锌衍生物更强的路易斯酸）活化酮来解决[125]，其次可通过发展精心设计的高活性手性配体来解决（见式（4-9））。然而，由于 Ph_2Zn 的亲核性高于 R_2Zn，只要使用适当的配体，反应能够在不活化酮羰基的情况下发生。尽管如此，与醛相比，该领域仍然具有许多挑战，包括更优的反应条件、更高的效率以及可以成功使用的酮和有机锌试剂的范围[126]。

$$R^1C(O)R^2 + R_2Zn \xrightarrow{\text{催化量L*，LA}} R^1R^2C(OH)R$$

L*：手性配体
LA：路易斯酸　　(4-9)

4.2.2.1　二烷基锌

使用手性羟基磺酰胺如 **105**，Yus 和 Ramón 在 $Ti(OPr^i)_4$存在下首次实现了 Et_2Zn 和 Me_2Zn 对酮的对映选择性加成（见图 4-29）[127]。他们随后将双（羟基磺酰胺）配体如 **106** 用于相同的反应。Walsh 等人还将配体 **106** 与 $Ti(OPri)_4$联用，实现了 Et_2Zn 和 Me_2Zn 以及各种官能化的烷基锌试剂以更高的对映选择性加成到芳香酮和 α,β-不饱和酮中[128]。Ishihara 后来通过使用手性氨基磷酰胺 **107** 成功地实现了各种芳香酮的高对映选择性乙基化，而不需要额外的路易斯酸[129]。配体的锌配合物被认为通过磷酰胺氧与 Et_2Zn 的配位而作为路易斯酸-路易斯碱催化剂（**107-T**）。

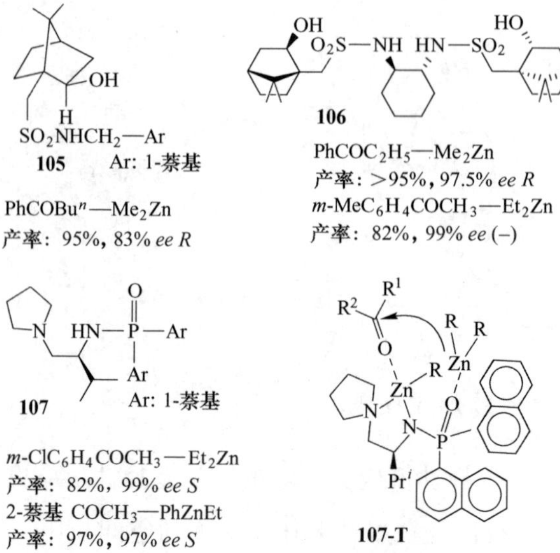

105　Ar: 1-萘基

PhCOBu^n—Me_2Zn
产率：95%，83% *ee R*

106

$PhCOC_2H_5$—Me_2Zn
产率：>95%，97.5% *ee R*
m-$MeC_6H_4COCH_3$—Et_2Zn
产率：82%，99% *ee* (−)

107　Ar: 1-萘基

m-$ClC_6H_4COCH_3$—Et_2Zn
产率：82%，99% *ee S*
2-萘基 $COCH_3$—PhZnEt
产率：97%，97% *ee S*

107-T

图 4-29　化合物 **105**~**107** 和过渡态 **107-T**

4.2.2.2　烯基锌和炔基锌

对于烯基锌和炔基锌试剂对酮的催化不对称加成，也有一定数量的报道，这些研究使用了 3 种类型的手性配体（见图 4-30）：羟基磺酰胺、氨基醇型和 Salen 型配体。其中，炔基锌试剂是由末端炔烃和 R_2Zn 原位制备的[130-132]。

Walsh 等人在 $Ti(OPr^i)_4$存在下，使用配体 **100** 成功地实现了各种乙烯基锌对芳族、脂族和 α,β-不饱和酮的对映选择性加成。在这种情况下，通过 Oppolzer 方法制备烯基锌试剂。最近，他们还通过螯合控制实现了烯基锌试剂对手性 α-硅烷氧基酮的高度非对映选择性加成。在其他工作中，Ramón 等人开发了新的手性二磺酰胺配体如 **102**，并证明它们不仅可用于烷基化，而且在 $Ti(OPr^i)_4$存在下还可用于芳酮的烯基化和炔基化。由 Et_2Zn 与相应的烯基锆试剂和苯乙炔反应制备烯基锌试剂。Chan 等人揭示了在三氟甲磺酸铜（Ⅱ）的存在下使用 Me_2Zn，羟基磺酰胺 **103**（**99** 的对映体）是苯乙炔与芳酮对映选择性加成反应的高效手性配体。

Cozzi 的研究表明，在没有其他金属离子的情况下，手性 Salen 衍生物 **104** 对于一些末端炔烃与各种甲基酮的直接加成很有效[133]。其结果说明炔

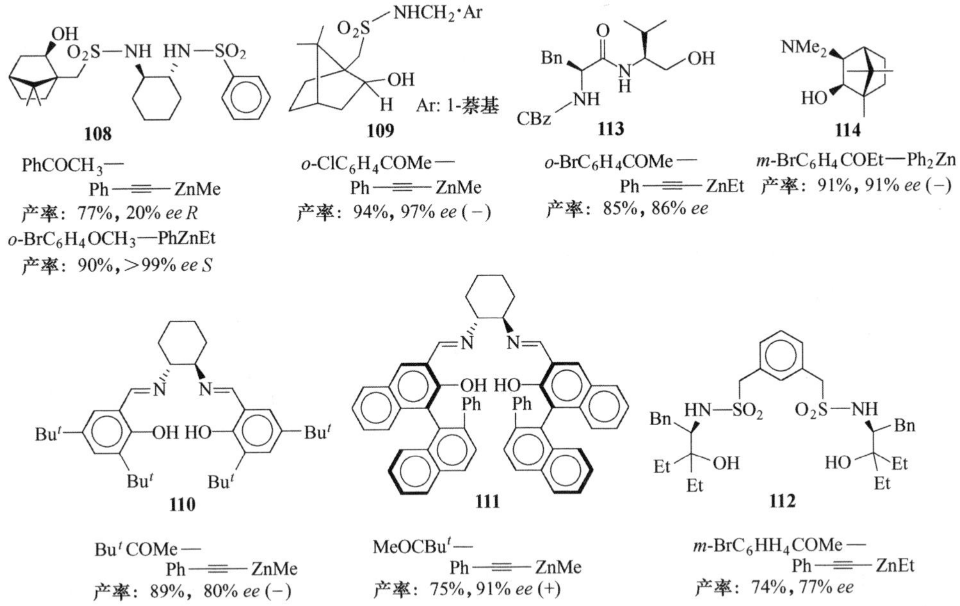

108

$PhCOCH_3$—Ph—≡—ZnMe
产率：77%，20% *ee* *R*
o-$BrC_6H_4OCH_3$—PhZnEt
产率：90%，>99% *ee* *S*

109

Ar: 1-萘基

o-ClC_6H_4COMe—Ph—≡—ZnMe
产率：94%，97% *ee* (−)

113

o-BrC_6H_4COMe—Ph—≡—ZnEt
产率：85%，86% *ee*

114

m-BrC_6H_4COEt—Ph_2Zn
产率：91%，91% *ee* (−)

110

Bu^tCOMe—Ph—≡—ZnMe
产率：89%，80% *ee* (−)

111

$MeOCBu^t$—Ph—≡—ZnMe
产率：75%，91% *ee* (+)

112

m-BrC_6HH_4COMe—Ph—≡—ZnEt
产率：74%，77% *ee*

图 4-30 化合物 **108**～**114**

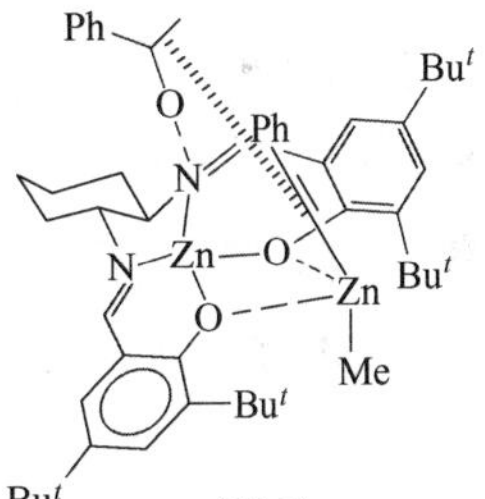

基锌试剂的原位形成是由于 Me_2Zn 与两个氧原子配位，而酮在配体的锌配合物的顶端位置被活化（见图 4-31）。Saito 和 Katsuki 将 Salen 型双（亚氨基联萘酚）**105** 与 Me_2Zn 进行组合，应用于各种末端炔烃与脂肪酮的不对称炔基化[134]。

110-T

图 4-31 过渡态 **110-T**

Wang 等人使用苯乙炔/Et_2Zn 体系以及 $Ti(OPr^i)_4$，将双（羟基磺酰胺）**106** 用于甲基酮以及各种醛的不对称炔基化[135]。他们的研究还表明羟基氨基酰胺 N_2,O-配体如 **107**，能够在相同的条件下应用于苯乙炔与芳香酮的对映选择性加成。

4.2.2.3 芳基锌

Dosa 和 Fu 等人首先发现，在催化量的（+）-DAIB **108**（**1** 的对映体）和甲醇（1.5 当量）存在下，Ph_2Zn 与各种甲基酮和乙基酮发生对映选择性反应，推测这是通过降低 Ph_2Zn 的反应性起作用的。

一些酰胺配体也被证明对芳基锌加成到酮上有作用[136-137]。Walsh 等人的研究证明了在 $Ti(OPr^i)_4$存在下，配体 **100** 对 Ph_2Zn 对酮的催化不对称加成有影响。Yus 等人通过使用 **100** 与 Ph_2Zn 和 $ArB(OH)_2/Et_2Zn$ 体系，成功地进行了芳基甲基酮和芳基乙基酮的对映选择性芳基化反应。他们随后使用 BPh_3/Et_2Zn 体系作为芳基源和 $Ti(OPr^i)_4$作为路易斯酸中心，将 **102** 应用于芳基甲基酮的高对映选择性芳基化。由 Ishihara 等人报道的氨基磷酰胺 **101** 也可有效地用于在没有添加剂的情况下使用 Ph_2Zn/Et_2Zn 体系对酮的对映选择性苯基化。对于烷基芳基酮的对映选择性加成，**99**（**103**）、**100** 和 **108**（**1**）看上去是有效且有用的配体，下一节将进一步讨论 **100** 和 **108**（**1**）以及 **61**（**12**）的实用性。

4.2.3　应用

有机锌试剂对 C＝O 双键的对映选择性加成合成手性仲醇和叔醇是一类被广泛研究的方法，其原因在于它们比相应的有机锂试剂和格氏试剂更温和且更具选择性。当产物或中间体可以进一步转化为其他结构时，这类反应的合成用途就进一步得到扩展，这被称为多米诺骨牌反应。因此，下面将着重介绍有机锌加成到 C＝O 双键上的几种应用。

Knochel 等人是这一领域的先驱，他们制备了许多不同的多官能团手性醇衍生物，如二醇、烯丙醇、炔丙醇、氨基醇与甲硅烷基、甲锡烷基和卤素基团的加成产物相关的化合物，并进一步利用他们开发的方法合成了天然产物 ginnol、（-）-exo-和（-）-endo-brevicomins（见式（4-10））及结构上令人感兴趣的高光学纯度的 C_3对称性三元醇[138-141]。

OTBDMS OPiv
H
OH 产率：88%, 93:7
115

5%
(摩尔分数) 114
$Et_2Zn, Ti(OPr^i)_4$

$NHSO_2CF_3$
$NHSO_2CF_3$

OTBDMS OPiv
H
O
113

116
(–)-exo-brevivomin
产率：64%，>99% *ee*

5%（摩尔分数）117，Et_2Zn，$Ti(OPr^i)_4$

117: $NHSO_2CF_3$ / $NHSO_2CF_3$

118: OTBDMS OPiv，H，OH，产率：77%，92:8

119: (−)-endo-brevivomin 产率：55%，>99% *ee*

(4-10)

Oppolzer 等人将他们的烯基锌试剂的制备方法应用于手性大环（*E*）-烯丙醇的构建[142]。即从 ω-炔烃开始，制备末端烯基锌试剂，并在配体 **3** 存在下与羰基反应，该反应能够在一锅中进行，以低至中等的收率和高 *ee* 值形成十三至二十一元环（见式（4-11））。

120 →（1. Cy_2BH；2. Et_2Zn）→ [121，ZnEt] →（1. 手性配体；2. NH_4Cl溶液）→ 122（OH）

(4-11)

Walsh 等人广泛研究了烯基锌试剂对 C＝O 键的对映选择性加成反应产物和中间体的应用。他们成功地引入了额外的官能团和立体中心，从而进一步拓展了有机锌试剂在合成有机化学中的应用范围。此外，他们在不使用配体的情况下实现了非对映选择性合成顺式-3-己烯-1,6-二醇。他们据此推测，作为活性有机锌中间体的乙基烯基锌试剂形成了金属环戊烯，随后与 2 当量酮或醛反应（见式（4-12））[143]。

$ZnEt_2$ + Cy_2B-CH=CH-R (123) → ZnEt-CH=CH-R (124)

124 →（R^3CHO，催化剂L*）→ 125（R^3-CH(OH)*-CH=CH-R）

124 →（无催化剂）→ $Zn(CH=CH-R)_2$ (126) ⇌ [ZnL_n 金属环戊烯 127]

→（R^1R^2CO）→ 128 →（R^1R^2CO）→ 129 →（NH_4Cl）→ 130

$R^1=R^2$: *p*-MeC_6H_4
R: Ph
产率：81%，*dr*>20:1

(4-12)

131　1. Cy_2BH　2. **64**, Et_2Zn, RCHO → 132　1. DBU，Cl_3CCN　2. 回流 → 133

CrO_3, 3.5mol/L H_2SO_4 → 134

Et_2AlCl → 135

64

(4-13)

他们还利用烯丙醇及其锌醇盐进一步官能化 C＝C 键[144-145]。即在配体 **64** 存在下，烯基锌对映选择性加成到醛上后，通过应用 Overman 的[3,3]-σ 迁移三氯乙酰亚胺酯重排，产物被转化为 γ-不饱和 β-氨基酸衍生物及对应的 1,3-氨基醇（见式（4-13））。他们还证明了使用 **106** 由环状 α,β-不饱和酮制备的手性烯丙醇可以被分子氧非对映选择性环氧化（见式（4-14）），表明所得的环氧醇重排为单一非对映体的 β-羟基-α,α-二取代酮。使用 **64** 可以将相同的烷基化/环氧化反应扩展到无环 α,β-不饱和醛。同时，他们报道了通过简单醛的乙烯化/环氧化合成环氧醇的替代路线。

136 + 3 eq ZnR_2　1.2 eq $Ti(OPr^i)_4$ → [137] 　O_2 → 138

R: Me, R^1: n-C_5H_{11}
产率：67%, 99% *ee*

139　2 eq R_2ZN, 4%（摩尔分数）**64** → [140]　2 eq $CF_3CH_2OZnCH_2I$ → 141

R: Et, R^1: Me
R^2: H, R^3: Ph
产率：90%, 96% *ee*, *dr*＞20:1

(4-14)

在其他工作中，Katsuki 等人[134]和 Walsh 等人[146-147]的研究表明，在手性配体存在下，用碘甲基锌与手性烯丙醇反应可生成高非对映选择性的环丙烷化产物，式（4-14）显示了 α,β-不饱和醛的串联对映选择性烷基化/环丙烷化反应。此外，他们开发了一种制备方法和涉及1-烯基-1,1-硼/锌双金属试剂的一锅法反应，以提供（E）-三取代的 α,β-不饱和醛、α-羟基酮和三取代的烯丙醇（见式（4-15））。这些有机金属试剂是通过1-炔基-1-硼酸酯与二环己基硼烷的硼氢化反应和与二烷基锌试剂的原位金属转移反应生成的，以提供1-烯基-1,1-杂双金属中间体。

（4-15）

4.2.4 与 α-酮酯的加成反应

由于酯基的吸电子性质，α-酮酯的酮羰基比简单的酮更亲电，因此，α-酮酯的烷基化反应的主要挑战是防止相关的副反应如非催化反应和还原等。因此，锌试剂和手性配体的结合变得更加重要，但报道的成功例子却比较有限。

4.2.4.1 二烷基锌

DiMauro 和 Kozlowski 首先发现，在 $Ti(OPri)_4$ 的存在下，哌啶基 Salen 配体 **149**（见图4-32）的钛（Ⅳ）配合物可用于 Et_2Zn 与各种 α-酮酯的对映选择性加成[148]。推测钛配合物在顶位激活酮羰基，Et_2Zn 则被哌啶氮原子活化，类似于锌（Ⅱ）配合物 **38-T**（见图4-9）。

如上所述，底物、烷基锌试剂、配体和添加剂的特定组合是影响反应结果的关键因素[149-151]。Shibasaki 等人研究了各种手性配体，其结果表明二羟基脯氨酸配体 **150** 能够用于使用 Me_2Zn 与异丙醇（Pr^iOH）作为路易斯碱的

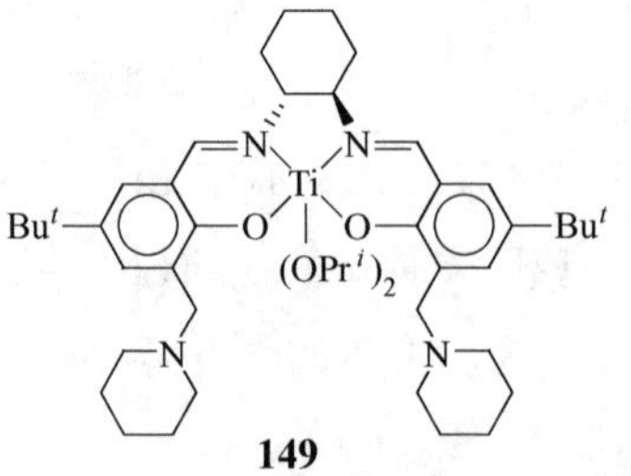

149

$PhCOCO_2Me$—Et_2Zn
产率：99%，78% *ee* *R*
p-$MeOC_6H_4N$=$CHCO_2Et$—Et_2Zn
产率：63%，80% *ee* *S*

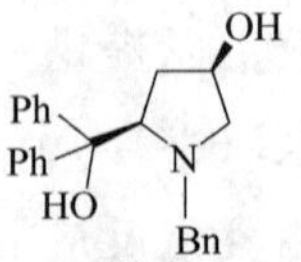

150

$PhCOCO_2Me$—Me_2Zn
产率：95%，92% *ee* *R*

图 4-32 化合物 **149** 和 **150**

芳族和杂芳族 α-酮酯的高对映选择性甲基化。Hoveyda 等人开发了配体 **151**（一种带有二肽片段的亚氨基酚配体），在使用异丙醇铝作为路易斯酸和二乙基氨基磷酸酯作为路易斯碱的组合条件下，该配体可用于多种 α-酮酯进行高对映选择性的乙基化和甲基化。可能的机理是添加物与铝催化中心结合并活化二烷基锌试剂（见图 4-33）。Uang 等人使用 γ-氨基硫醇 **60** 作为手性配体用于 Me_2Zn 与 α-酮酯的加成，并观察到通过硼酸三乙酯的加入提高了产率和对映选择性。

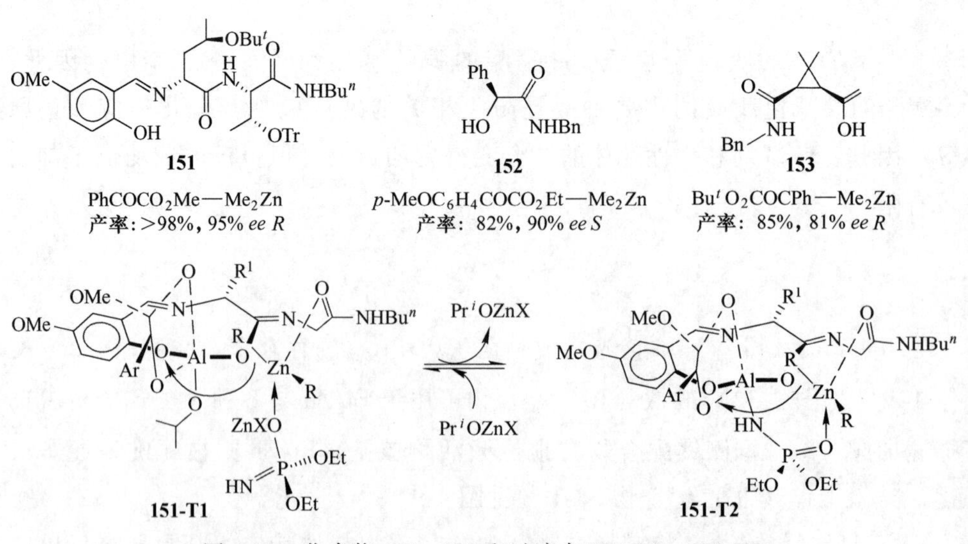

图 4-33 化合物 **151**~**153** 和过渡态 **151-T1**、**151-T2**

Pedro 等人应用扁桃酰胺 **152** 作为手性配体，在不添加其他试剂的情况

下使用 Me_2Zn 成功地实现了各种芳族 α-酮酯的对映选择性甲基化[152] Me_2Zn 不仅被配体活化，而且被与锌配合物配位的底物的酯基活化（见图 4-34）。Wang 等人开发了基于顺式环丙烷的羟基酰胺配体 **153**，并实现了 Me_2Zn 对芳香 α-酮酯的对映选择性加成。

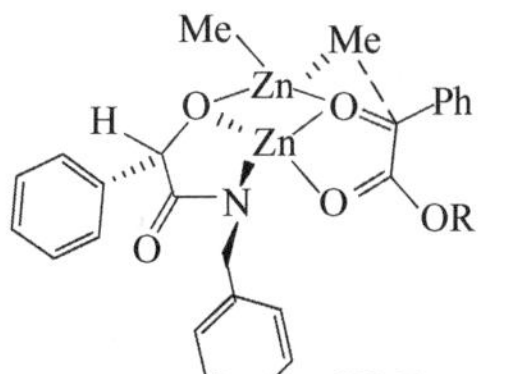

152-T

图 4-34 过渡态 **152-T**

4.2.4.2 炔基锌

Jiang 等人证明了 **67** 对于所制备的炔基锌试剂与各种 α-酮酯以及醛的对映选择性加成具有很好的效果。

4.2.5 与 C ═ N 键的加成反应

与有机锌试剂加成到羰基化合物上相比，与简单亚胺 C ═ N 键的直接反应更具挑战性，因为它们的亲电性较低。为了克服该问题，可以将亚胺转化为膦酰亚胺基、磺酰亚胺基、酰基亚胺基或邻甲氧基苯胺基，或硝酮对亚胺进行适当的活化和/或保护（见式（4-16））。20 年前，Katritzky、Harris 以及 Soai 等人首次成功实现了对 C ═ N 键的对映选择性加成[153-154]。由于这一领域仍处于发展阶段，本节在不考虑对映选择性情况下对化学计量反应和催化反应进行介绍。

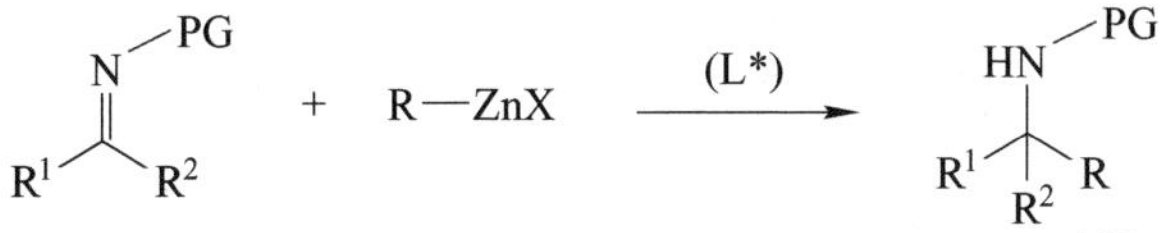

154 + R—ZnX —(L*)→ **155**

PG：保护基团

PG：$P(O)R^3_2$，SO_2R^3，SOR^3，o-$MeOC_6H_4$，COR^3，R^3

R：烷基，炔基，芳基 （4-16）

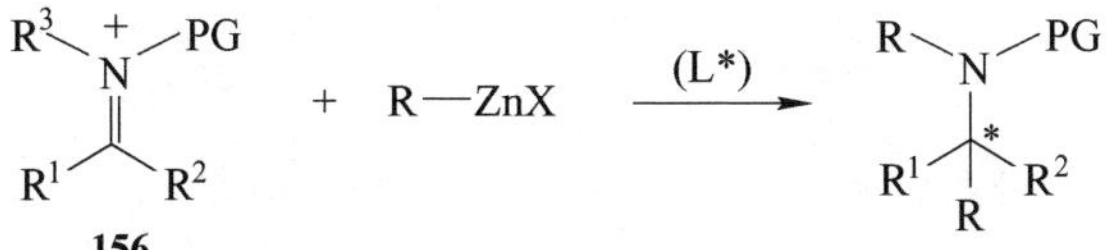

156 + R—ZnX —(L*)→ **157**

PG：保护基团

PG: O^-

R：乙烯基，炔基，芳基

4.2.5.1　二烷基锌

Soai 等人在 β-氨基醇配体如 **158** 的作用下，R_2Zn 与 N-二苯基膦酰亚胺的 C ═ N 键成功地实现了高对映选择性的烷基化反应，并将产物转化为手性胺（见图 4-35）。他们的研究还表明，二茂铁甲醛的 N-二苯基膦酰亚胺可以被 Et_2Zn、Me_2Zn 和 Bun_2Zn 烷基化。N-二苯基-膦酰亚胺是一些最常用的底物，用于将各种有机锌试剂加成到 C ═ N 键上，目前已经开发了许多不同的手性配体用于该转化。Andersson 等人使用氮杂环丙烷醇如 **159** 作为配体，实现了 Et_2Zn 和 Me_2Zn 对 N-膦酰基亚胺的对映选择性加成[155]。Pericás 的研究则证明了 β-氨基醇/卤代硅烷的双催化剂体系，例如 **160**/三异丙基氯硅烷，可有效地提高 Et_2Zn 与 C ═ N 键加成反应的对映选择性。推测硅烷基化试剂通过在膦酰氧上的硅烷基化来增加底物反应性。在另一项工作中，Beresford 研究了 4 种奎宁（也是 β-氨基醇）作为手性配体，用于 Et_2Zn 与 N-膦酰亚苄基亚胺的对映选择性加成，并表明辛可尼定 **161** 给出了最好的结果。Gong 等人和 Wu 等人的研究发现手性羟基噁唑啉、β-亚氨基醇 **162** 和 **163** 分别允许高度对映选择性的 Et_2Zn 加成到各种 N-膦酰基芳基亚胺上，其中 **162** 的反应的潜在过渡态如图 4-36 所示[156-157]。

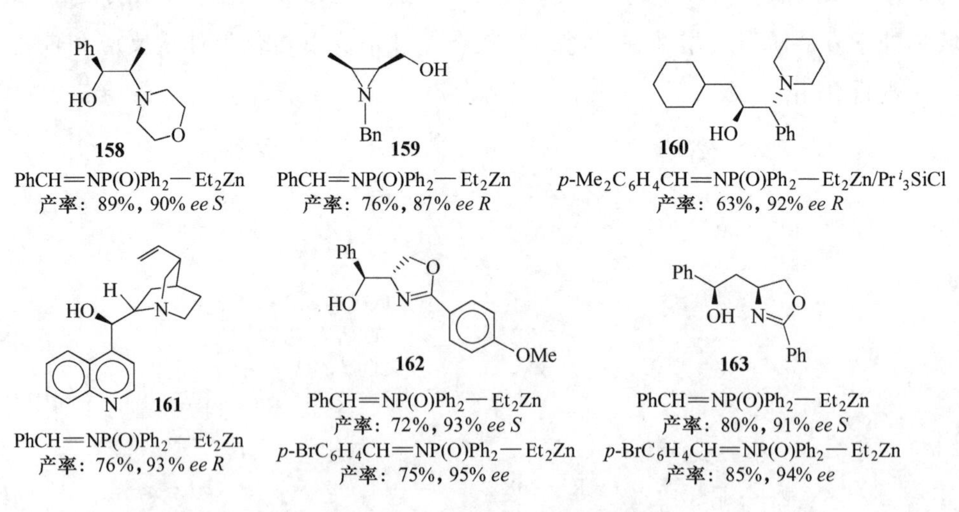

图 4-35　化合物 **158**～**163**

为了提高反应效率，流行的方法是使用手性配体的其他金属配合物或金属盐（见图 4-37）[158-161]。Charette 等人报道了在铜（Ⅱ）催化体系中，甲基二硫磷及其氧化物 **164** 是 R_2Zn 与 N-膦酰基芳香亚胺和脂肪亚胺对映选择性加成的有效手性配体。Wang 等人将二茂铁基 γ-氨基膦配体如 **165** 的铜（Ⅱ）和铜（Ⅰ）盐应用于 Et_2Zn 对衍生自各种芳香醛的 N-膦酰基亚胺的对映选择性加成。Tomioka 等人的研究表明在 β-酰胺膦的铜（Ⅱ）配合物 **166** 存在下，N-磺酰基芳基亚胺可以作为 Et_2Zn 的高对映选择性加成的底物。在 Wang 和 Shi 的另一项研究中，联萘基氨基硫代磷酰胺（如 **167**）的铜（Ⅰ）盐实现了 Et_2Zn 与芳香醛衍生的 N-对甲苯磺酰亚胺的对映选择性加成。Gong 等人的研究表明三齿吡啶并二噁唑啉配体（如 **168**）的铜（Ⅱ）配合物允许 Et_2Zn 与 N-磺酰亚胺的对映选择性加成。在另一项研究中，Hoveyda 等人开发了一种锆（Ⅳ）催化体系，用于在 Pr^iOH 存在下，使用基于二肽的席夫碱配体如 **169**，将 R_2Zn 对映选择性加成到邻甲氧基苯胺的各种芳亚胺上。他们扩展了该体系，并报道了铪（Ⅳ）盐对于脂族亚胺的烷基化是有效的。Hayashi 等人开发了一个有趣的体系，其中铑（Ⅰ）配合物与手性二烯 **170** 配位，有效地催化 Me_2Zn 与 N-甲苯磺酰基芳基亚胺的不对称加成。

图 4-36 过渡态 **162-T**

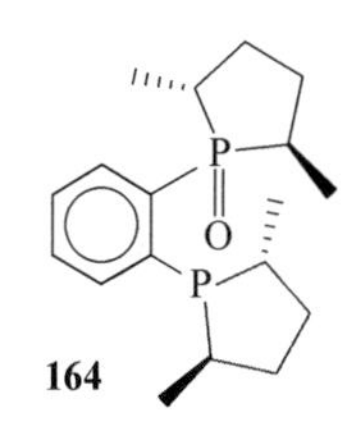

164
PhCH ═ NP(O)Ph$_2$ — $Et_2Zn/Cu(OTf)_2$
产率：96%，98% *ee* *S*

165
o-MeOC$_6$H$_4$CH ═ NP(O)Ph$_2$ — $Et_2Zn/Cu(OTf)_2$
产率：98%，97% *ee* *R*

166
p-ClC$_6$H$_4$CH ═ NSO$_2$Me — Et_2Zn
产率：95%，94% *ee* *S*

167
p-CF$_3$C$_6$H$_4$CH ═ NTs — $Et_2Zn/Cu(OTf)_2$
产率：51%，82% *ee* *S*

168
HClyht1-Naph ═ NTs — $Et_2Zn/Cu(OTf)_2$
产率：51%，82% *ee* *S*

169
PhCH ═ N(*o*-MeOC$_6$H$_4$) — $Et_2Zn/Zr(OPr^i)_4Pr^iOH$
产率：>98%，94% *ee* *S*

图 4-37 化合物 **164**~**169**

在其他工作中，Ukaji 等人发现了硝酮的对映选择性烷基化反应（见图 4-38）。通过使用 γ-氨基醇 **171** 的镁（Ⅱ）盐，他们实现了 Et_2Zn 和 Me_2Zn 对 3,4-二氢异喹啉 N-氧化物衍生物的 C=N 键的催化加成反应[162]。随后，他们的研究表明酒石酸二环戊酯 **172** 的镁（Ⅱ）和锌（Ⅱ）盐在手性控制方面提供了更高的产率和对映选择性，与 **171** 得到的结果相反。他们提出了 **172** 的反应可能的过渡态，这是基于 Et_2Zn 的量对于对映选择性反转方面的考虑（见式（4-17））。

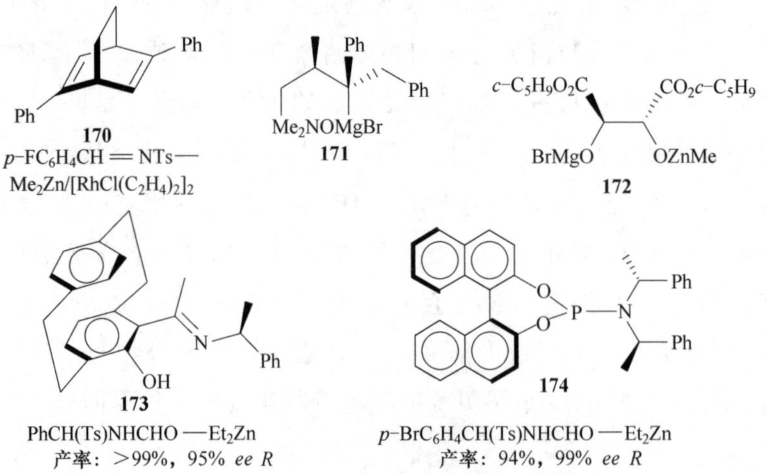

170
p-$FC_6H_4CH=NTs$—$Me_2Zn/[RhCl(C_2H_4)_2]_2$

$Me_2NOMgBr$
171

c-$C_5H_9O_2C$　CO_2c-C_5H_9　BrMgO　OZnMe
172

173
PhCH(Ts)NHCHO —Et_2Zn
产率：>99%，95% *ee* *R*

174
p-$BrC_6H_4CH(Ts)NHCHO$ —Et_2Zn
产率：94%，99% *ee* *R*

图 4-38　化合物 **170**～**174**

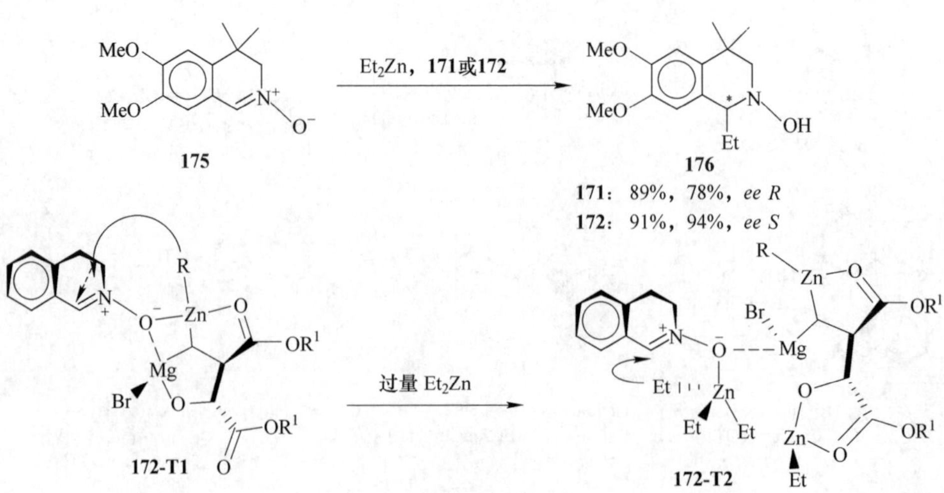

175 —(Et_2Zn，**171**或**172**)→ **176**

171：89%，78%，*ee* *R*
172：91%，94%，*ee* *S*

172-T1 —(过量 Et_2Zn)→ **172-T2**

（4-17）

许多研究小组也报道了其他底物C═N键的烷基化反应（见式(4-18)）[163-165]。Katritzky和Harris应用N-(酰氨基苄基）苯并三唑作为底物，通过与Et_2Zn反应原位形成N-酰基亚苄胺。使用2当量的锌试剂和1当量的5作为手性配体，他们实现了对映选择性乙基化。Dahmen和Bräse发现N-甲酰基-α-(甲苯磺酰基）芳基胺可能是通过与1当量的R_2Zn反应原位生成N-甲酰亚胺的底物，然后将第二当量的锌试剂对映选择性地加入芳基亚胺。此外，在基于［2，2］对二甲苯的γ-亚氨基苯酚配体如**173**的存在下，他们实现了R_2Zn对N-甲酰基芳基和烷基亚胺的高对映选择性加成。Feringa等人通过使用铜（Ⅱ）盐和亚磷酰胺配体如**174**的组合来扩展该体系。Kozlowski等人的研究证明，使用钛（Ⅳ）配合物**149**与醇（0.5当量）作为添加剂，α-醛缩氨酯（乙醛酸的亚胺）可以通过Et_2Zn进行C═N键的对映选择性烷基化。在其他工作中，Mitani等人开发了烷基锌试剂与α-肟醚的加成反应，可以由乙炔羧酸酯和丙酮酸甲酯制备α-肟酯。在路易斯酸存在下，三烷基锌酸酯和二烷基锌试剂都与C═N键反应，得到α,α-二取代的α-氨基酸衍生物。

177 → [178] —(1 eq **5**, 2 eq Et_2Zn)→ **179** 46%，76% *ee*

180 (R：H，Me) —(R^1R^2Zn)→ [**181**] —(R^1R^2Zn, **129**)→ **182** (R^1：烷基,芳基；R^2：烷基)

183 —($Et_3ZnMgBr$，BF_3OEt_2，CH_2Cl_2)→ **184** 85%

$RBr + PhNH_2 + PhCHO$ —(Zn，MeCN，室温)→ **185** R：烷基，乙烯基，芳基

(4-18)

最近，Gall 等人开发了 Mannich 型反应，用于在锌粉存在下从各种有机卤化物、醛衍生物和胺有效地制备 α-支化胺类化合物 **185**，该反应通过将原位制备的有机锌试剂添加到 C ═ N 键上来实现。此外，他们还发现烯基锌和芳基锌试剂也可直接用于这类反应。不仅如此，该反应还可用于乙醛酸乙酯与苄基有机锌试剂的反应制备苯丙氨酸乙酯衍生物[166]。

4.2.5.2　乙烯基锌

Vallée 等人利用烯基锌试剂加成到硝酮的 C ═ N 键上，得到（*E*）-N-烯丙基羟胺（见式（4-19））[167-168]。烯基锌试剂通过末端炔烃的氢锆化、Et_2Zn 与锌的金属交换法（Wipf 方法）来制备。作者还表示，使用由频哪醇的烯基硼酸酯和 Me_2Zn 及 Et_2Zn 制备的烯基锌试剂，能够以较高的收率实现硝酮的烯基化。

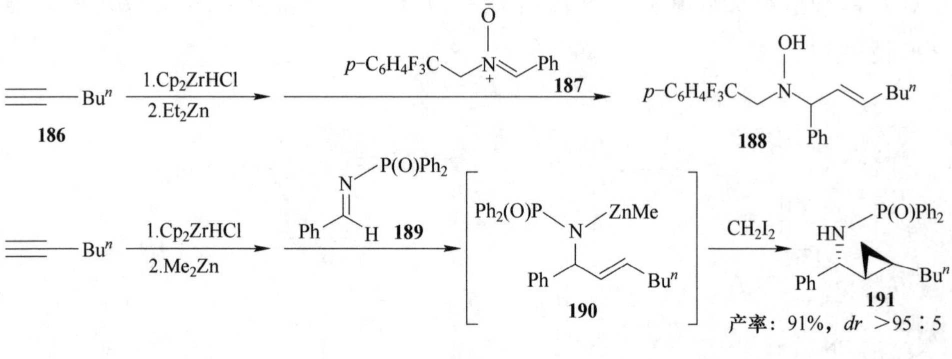

产率：91%，*dr* >95∶5

（4-19）

Wipf 等人使用烯基茂锆/Me_2Zn 体系实现了 N-膦酰基芳亚胺的 C ═ N 键的烯化[169]。他们发现 C-环丙烷基膦酰胺可以直接由中间体烯丙基酰胺的 N-锌盐以高产率和非对映选择性制备（见式（4-19））。

4.2.5.3　炔基锌

Carreira 等人开发了一种由末端炔烃、$Zn(OTF)_2$ 和胺原位制备炔基锌试剂的催化体系，并实现了其与 N-苄基硝酮的加成（见式（4-20））[170]。他们进一步将该体系扩展到使用甘露糖衍生的糖苷作为手性助剂来高度立体选择性地合成光学活性的仲炔丙基 N-羟胺的反应中。Vallée 等人的研究结果表明，在催化量的 Et_2Zn 存在下，末端炔烃和硝酮能以高产率发生加成反应[171]。在其他工作中，Inomata 等人以二叔丁基（R,R）-酒石酸 201 的双（甲基）锌盐为配体，由末端炔烃和 Me_2Zn 制备的炔基锌试剂，实现了芳基硝酮的不对称炔基化[172]。而且加入类似产物的外消旋底物可提高反应对映选择性。

R—≡ (**192**) —$Zn(OTf)_2$, Pr^i_2NEt → $Pr^i_2NEtHOTf$ → R—≡—ZnOTf (**193**)

194 + TMS—≡ —0.1 eq $Zn(OTf)_2$, 0.25 eq Pr^i_2NEt→ **195** 90%

196 + **197** —0.2 eq Et_2Zn→ **198** 97%, dr =74/26

201 1.2 eq + Me_2Zn 1.2 eq + p-C_6H_4OMe **199** 0.2 eq —p-C_6H_4Br 硝酮 (Bn), Ph—≡→ p-C_6H_4Br **200**

(4-20)

除了硝酮，其他几种类型的亚胺也得到了一定的研究[173-176]。Hoveyda 等人发现通过使用基于二肽配体 **202** 的锆配合物可以实现邻甲氧基苯胺芳基亚胺的对映选择性炔基化。Bolm 等人开发了一种不需要任何配体，使用β-氨基醇（如 **203**）催化各种邻甲氧基苯胺的一锅法对映选择性炔基化反应。在另一项研究中，Pedro 等人发现，通过相同的方式使用炔基锌试剂，基于 BINOL 的配体如 **204** 可用于 N-磺酰基芳亚胺的高对映选择性炔基化。Wang 等人制备了脯氨酸衍生的氨基醇如 N_2,O_2-四齿配体 **205** 和 N,O,S-三齿配体 **206** 作为手性配体，发现它们分别与 Et_2Zn 有效地将三甲基硅基乙炔和芳基乙炔高对映选择性地加成到 N-膦酰基烷基亚胺上，图 4-39 显示了 **205** 可能的过渡状态。

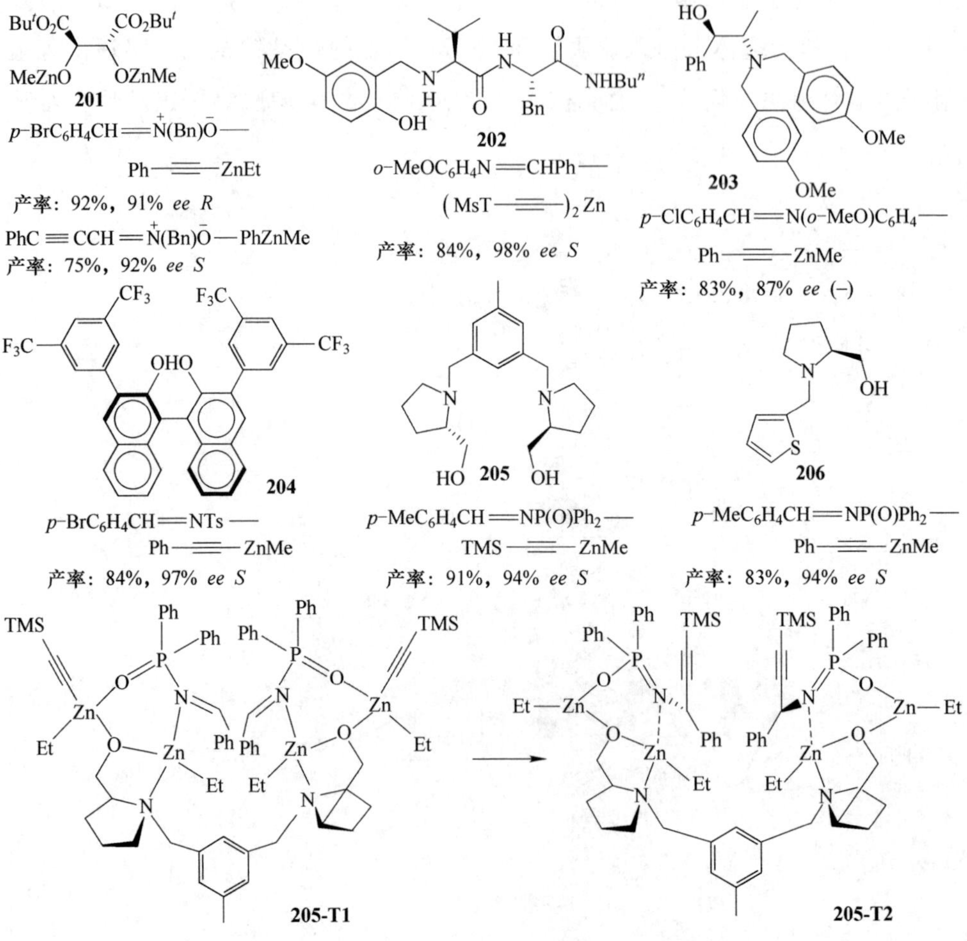

图 4-39 化合物 **201**～**206** 和过渡态 **205-T1**、**205-T2**

Jiang 和 Si 开发了一种末端炔烃/氯化锌（$ZnCl_2$）/三乙胺（Et_3N）体系用于制备炔基锌试剂，并以三甲基氯硅烷（TMSCl）为活化剂实现了简单苄醛亚胺的炔基化反应（见式（4-21））[177]。他们通过使用手性胺制备的亚胺研究了反应的非对映选择性，并通过使用 $Zn(OTf)_2$ 和化学计量的三齿烷氧基 β-氨基醇如 **207** 作为手性配体，实现了对环 N-酰基酮亚胺的选择性加成。该方法能以高产率和对映选择性实现叔胺的合成，规模可达 100g 以上，并且配体 **207** 能回收和再循环。Fischer 和 Carreira 发现炔基锌试剂可以加成到酰基亚胺盐上，酰基亚胺盐可以由亚胺和酰卤原位反应制备，该反应同样适用于通过异喹啉的炔基化制备的环状底物[178]。Kim 和 Bolm 两个研究组均使用了带有磺酰基的亚胺（如 N-甲苯磺酰亚胺）作为炔基化的底物，炔基锌试剂的制备是在乙腈中使用末端炔烃/$ZnBr_2$/叔胺体系，或末端炔烃/Me_2Zn 体系。

OH
OBu^t
O_2N
NMe_2
207

BocHN
N
O
208

N^+
O^-
—PhZnEt
产率：92%，92% *ee S*

209 + Ph —$ZnCl_2$，Et_3N，TMSCl→ 210 93%
N, Bn, H, NH, Ph

211 —207, $Zn(OTf)_2$，Et_3N→ 212
CF_3, Cl, N, O, OMe, F_3C, NH
产率：96%，99.1% *ee*

213 —PhCOCl→ [214] —Ph—≡—ZnOTf→ 215 83%
N, Ph, H, O, Cl^-, +

(4-21)

4.2.5.4 芳基锌

芳基锌试剂对 C ═ N 键的加成可运用与烷基化反应报道的类似方法实

现[179-180]。Bräse 等人将他们的烷基化方法扩展到 N-甲酰基芳基砜的芳基化（见式（4-18）），并以高产率和高对映选择性首次实现了使用 **173** 催化苯基锌的不对称加成反应。Le Gall 等人的曼尼希型反应首次被报道用于由芳基溴直接制备的芳基溴化锌对 C ═ N 键的芳基化。最近，他们将该方法扩展到使用手性胺（例如 *L*-脯氨酸的酯衍生物）制备各种含有芳基的手性胺的反应中。

在其他工作中，Inomata 等人改进了他们的炔基锌加成反应（见式（4-20））,用于在产物样添加剂存在下，使用配体 **201** 将苯基锌对映选择性加成到 C-炔基硝酮上。Seto 等人使用手性 *β*-氨基酰胺配体 **208** 的锌盐，实现了芳基锌试剂（由硼酸酯和 Et_2Zn 制备）与 3,4-二氢异喹啉 N-氧化物的对映选择性芳基化[181]。

正如上面所提到的，已经有许多类型的配体被证明可以用于有机锌试剂与 C ═ N 键的加成反应，但这种情况反而使我们难以选择合适的反应体系，并因此难以选出适用于特定 C ═ N 键加成的手性配体。尽管如此，苯丙醇胺衍生物 **158**、**203**，以及 **169** 和 **202** 的二肽类化合物则可作为寻找最佳试剂的起点。

4.3 有机锌试剂介导的 Reformatsky 反应

自 1887 年首次报道以来，Reformatsky 反应一直是形成 C—C 键从而用于合成 *β*-羟基酯最有用的方法之一。涉及的经典反应包括将锌插入 *α*-卤代酯的碳卤键中，随后将有机锌烯醇化物与醛或酮进行亲核加成（见式（4-22））。由于 Reformatsky 反应仅需要温和的反应条件和廉价的金属锌，因此它可以替代在碱性条件下进行的羟醛反应。Reformatsky 反应已被广泛应用于工业规模生产和天然产物的全合成。如前所述，该反应具有广泛的适用范围，如各种卤代酯、亲电试剂（腈、磷酸酯、酰胺、酰亚胺、甲亚胺等），甚至各种金属（Cr、In、SmI_2、Co 配合物）等均可以使用[182-183]。本节将介绍有机锌试剂介导的 Reformatsky 反应。

216 + Zn ⟶ 217

217 + R^2CHO ⟶ 218

217 + R^2COR^3 ⟶ 219 (4-22)

X＝卤素原子，R^1、R^2和R^3=烷基或芳基

4.3.1 有机锌化合物介导的羰基化合物的 Reformatsky 反应

Reformatsky 反应可在中性条件下进行，具有较高的官能团耐受性。尽管如此，该反应也存在产率和立体选择性低的问题，这主要归因于金属锌在典型有机溶剂中溶解度低，从而形成多相体系显著抑制反应。为了避免这一缺点，金属锌可以用活性锌试剂代替，如 Rieke 锌（钾还原的氯化锌）或铜-锌对。自从建立了均相反应条件以来，Reformatsky 反应取得了显著进展[184-185]。基于此，Knochel 等人报道了通过自由基环化反应合成有机锌试剂，其中活化锌的实用方法包括在催化量的乙酰丙酮镍（Ⅱ）（Ni(acac)$_2$）存在下使用 2 当量的二乙基锌（Et_2Zn）（见式（4-23））。这种简便的方法已普遍应用于金属锌的活化[186-187]。Honda 等人首次报道了 Et_2Zn 与催化量的三（三苯基膦）氯化铑（Ⅰ）（RhCl(PPh_3)$_3$，Wilkinson 催化剂）联合使用，以发展 α-卤代酯与醛或酮之间的均相 Reformatsky 型反应。Adrian 等人后来的研究表明，二氯双（三苯基膦）镍（Ⅱ）（$NiCl_2$(PPh)$_2$）可以有效地替代威尔金森催化剂，在降低成本的情况下提供更快的反应速率。这些报道刺激了各种手性配体的设计，相关的立体选择性 Reformatsky 反应的发展将在下个小节进行讨论。

220 ⟶ 221 (Et_2Zn(2 eq)，催化量 Ni(acac)$_2$，THF)

X=Br，I

$$\text{222}\ (R^1=\text{H或Me}) + R^2COR^3 \xrightarrow[\text{THF}\ 0℃]{Et_2Zn(2.2\ eq),\ \text{催化量}\ RhCl(PPh_3)_3} \text{223}$$

74%～85%(醛)
49%～84%(酮)

（4-23）

4.3.2　立体选择性 Reformatsky 反应

随着科学和医学等领域对光学纯化合物需求的日益增长，科学家们进行了多种尝试来实现高效的立体选择性 Reformatsky 反应[188-189]。最初用带有手性助剂的卤代羰基化合物如 Evans 型手性噁唑烷酮进行了研究，进一步从配体 **226** 衍生或除去手性助剂可得到高纯度的目标手性产物（见式（4-24））。

224 + PhCHO $\xrightarrow[\text{THF}]{Zn}$ **225**

产率：98%
顺式：反式（非对映异构体）=98：2

226 + PhCHO $\xrightarrow[\text{THF}\ -78℃]{SmI_2}$ **227** $\xrightarrow[0℃,\ 30min]{LiOH,\ THF/H_2O}$ **228** 81%～87%

R=Pr^i，n-C_7H_{15}，Ph
产率：55%～87%
49%～98% *de*

（4-24）

手性诱导的另一种方法是向反应混合物中加入手性配体[190-191]。学者们已经测试了各种手性醇和氨基醇（**4** 和 **232**～**238**）用于锌或锌-铜介导的 α-溴代酯和苯甲醛或苯乙酮之间的 Reformatsky 反应（见图 4-40）。

将辛可宁用于锌介导的 α-溴代酯与二芳基酮于-40℃反应时，可观察到高达 97% *ee* 的最佳手性诱导结果（见式（4-25））。此外，Knochel 等人报道了使用 Et_2Zn 去质子化手性氨基醇 **3**，该试剂对于苯甲醛和锌 Reformatsky 试剂之间

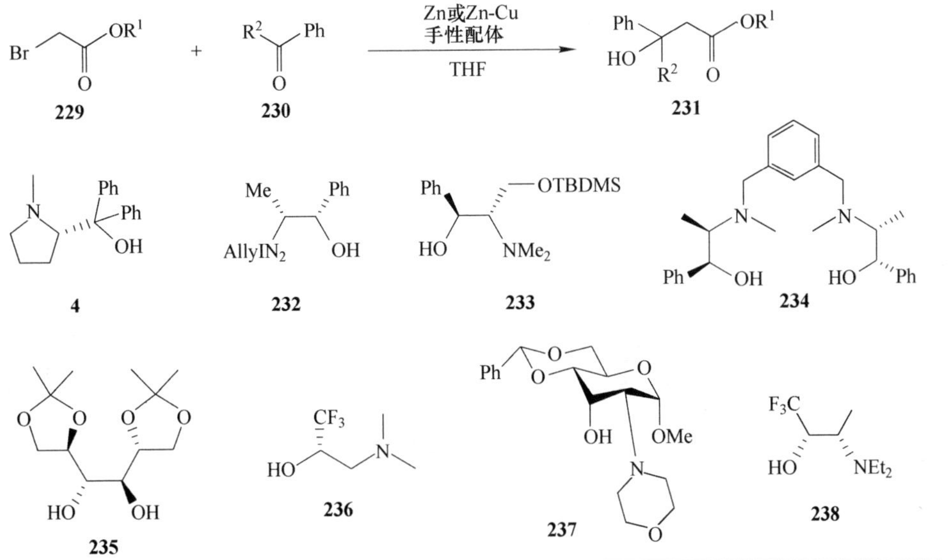

实验编号	R^1	R^2	化学介质	手性配体	产率/%	*ee*/%
1	Bu^t	H	Zn-Cu	**4**	91	75
2	Bu^t	Me	Zn-Cu	**232**	65	74
3	Bu^t	H	Zn	**233**	100	65
4	Bu^t	H	Zn	**234**	90	62
5	Et	H	Zn	**235**	58	30
6	Et	H	Zn	**236**	80	81
7	Et	H	Zn-Cu	**237**	10	74
8	Et	H	Zn-TMSCl	**238**	89	86

图 4-40 Reformatsky 反应

的对映选择性反应是有效的，可获得高达 93%的 *ee*[192]。然而，这些实例中的大多数由于是多相反应条件，因此必须使用化学计量的手性添加剂。后来，均相反应条件的发展使得立体选择性 Reformatsky 反应的精确设计成为可能[193]。Yang 等人报道了在摩尔分数为 5%的 $Ni(acac)_2$ 催化下，Et_2Zn 介导的 Evans 手性酰亚胺和苯乙酮之间的非对映选择性 Reformatsky 反应。

从减少手性辅基量的观点出发，Cozzi 等人报道了摩尔分数为 20%的手性 Salen 锰（Ⅱ）配合物催化 Me_2Zn 与芳香酮或脂肪酮的对映选择性 Reformatsky 反应（见式（4-26））。如果在反应中于室温下加入摩尔分数为

25%的4-苯基吡啶N-氧化物，则可获得中等以上的对映选择性[194]。

HO H N N 241 (1.5 eq)

ZnBr OBu^t O 239 + Ph N N—Tr O 240 → 吡啶 (4.0 eq) THF，−40℃ → Tr—N N Ph OH OBu^t O 242 产率：>99% 97% *ee*

Br OMe O 243 → Zn* THF → OZnBr OMe 244

R H O 245 + OZnBr OMe 246 1.1 eq → NMe$_2$ OH **3** (1.2 eq) Et_2Zn (0.7 eq) THF，12h，−20～0℃ → R OH O OMe 247 高达93% *ee*

Br O N O O Ph Ph 248 → Et_2Zn (1.5 eq) Ni(acac)$_2$(摩尔分数：5%) CH_2Cl_2 30min，0℃ → Ph O Me CH_2Cl_2 −30℃ → Ph Me OH O N O O Ph Ph 249 产率：83.7% 95% *de*（顺式） 96% *ee*

（4-25）

I O OEt 250 + Ph O Me → Me_2Zn(2 eq) 催化量(摩尔分数：20%) MeOBu^t 回流 → Ph Me OH O OEt 251

催化量= N Mn N O O Cl Bu^t Bu^t Bu^t Bu^t 252

I O OEt 250 + Ph H O → Me_2Zn(8 eq) 催化量(摩尔分数：20%) Et_2O，空气 1h，室温 → Ph OH O OEt 253 产率：72% 84% *ee*

催化量= SiMe$_3$ OH OH SiMe$_3$ 254

（4-26）

Feringa等人首次报道了醛的催化对映选择性Reformatsky反应[195-197]。通常，他们在催化量的手性BINOL衍生物**254**的存在下，用碘乙酸乙酯、Me_2Zn和苯甲醛进行反应（见式（4-26））。该反应在氮气气氛下以低产率得到β-羟基酯，反而在空气气氛下观察到高转化率（72%产率，84% *ee*），即Me_2Zn可以作为一种良好的自由基引发剂与分子氧进行反应。该反应在优化的反应条件下与各种芳香醛和脂肪醛进行，得到中等以上的对映选择性的产物（高达84% *ee*）。根据该反应合理的催化循环，生成的甲基自由基通过碘原子转移得到乙酸乙酯自由基，然后与Me_2Zn络合并与苯甲醛反应得到产物（见式（4-27））。在空气存在下，将类似的手性BINOL配体应用于与酮的催化对映选择性Reformatsky反应，可以得到高纯度的叔醇。

（4-27）

类似地，Cozzi等人聚焦于Me_2Zn的自由基性质[198-199]，并开发了碘乙酸乙酯与醛或酮在氧化条件下使用25%手性N-吡咯烷基麻黄碱（**8**的对映体）的对映选择性反应。研究结果表明，使用空气以及叔丁基过氧化氢（Bu^tOOH）或硝酸铈铵（CAN）作为氧化剂有利于获得较高产率，并且添加三苯基膦氧化物/硫化物可以进一步加速反应（见图4-41）。在优化反应条件后，各种醛以高达93%的*ee*得到β-羟基酯。研究还发现铜（Ⅰ）盐和双齿膦的组合也可作为可靠的促进剂和替代性氧化剂（见式（4-28））。自从这些研究被报道以来，各种不同类型的手性配体，包括Schiff碱**260**、β-氨基醇**261**和噁唑烷**37**，均被开发用于与醛或酮的催化对映选择性Reformatsky反应（见式（4-29））。

最近，通过使用苯基叔丁基硝酮作为自由基捕捉剂获得的电子顺磁共振（EPR）光谱，为Me_2Zn产生自由基提供了明确的实验证据，基于此提出的机理认为，Me_2Zn首先与分子氧反应生成甲基自由基，然后与碘乙酸乙酯在Reformatsky反应条件下反应生成乙氧羰基甲基自由基（见式（4-30））[200]。

实验编号	R	Me_2Zn /eq	添加物	温度/℃	时间/h	产率/%	对映异构体过量百分数/%
1	H	1.5	Ph_3PO(摩尔分数：10%)	– 14	71	70	76
2	H	1.5	Ph_3PO(摩尔分数：10%)	– 25	70	40	84
3	Me	2.0	Ph_3PO(摩尔分数：20%)	0	40	50	57
4	Me	2.0	Ph_3PO(摩尔分数：20%)	– 25	87	57	81
5	H	1.5	Ph_3Ps(摩尔分数：10%)	– 25	70	30	80
6	H	1.5	Ph_3Ps(摩尔分数：30%)	0	3	90	75

图 4-41　对映选择性反应

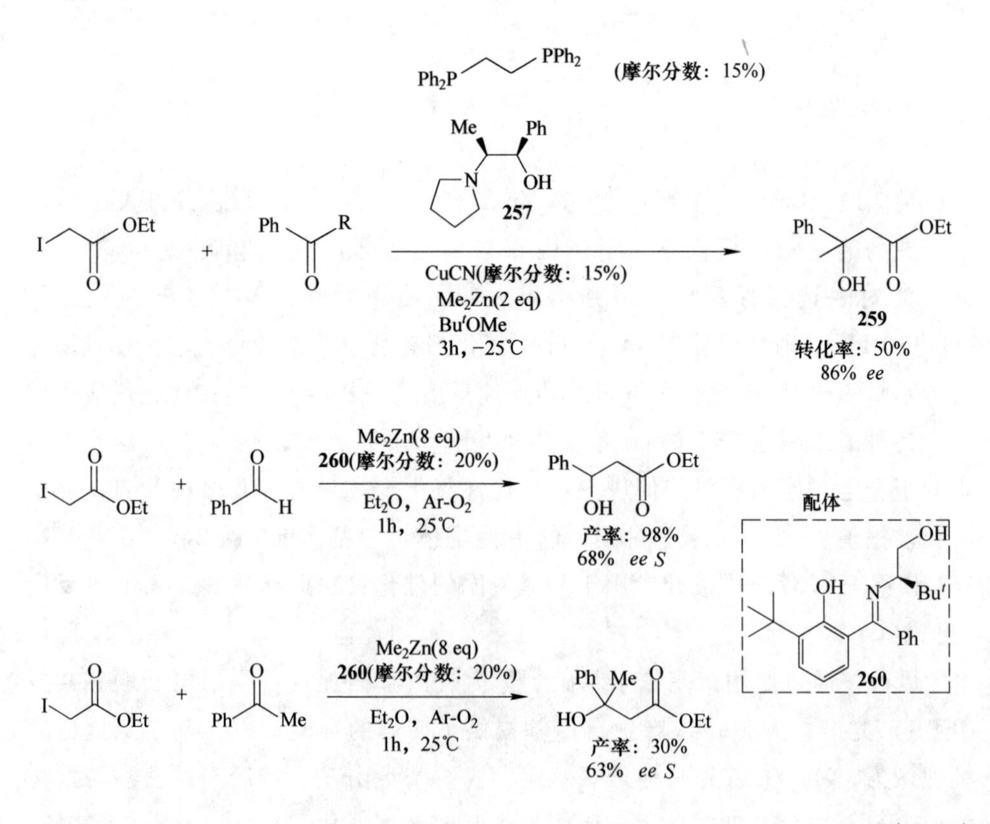

(4-28)

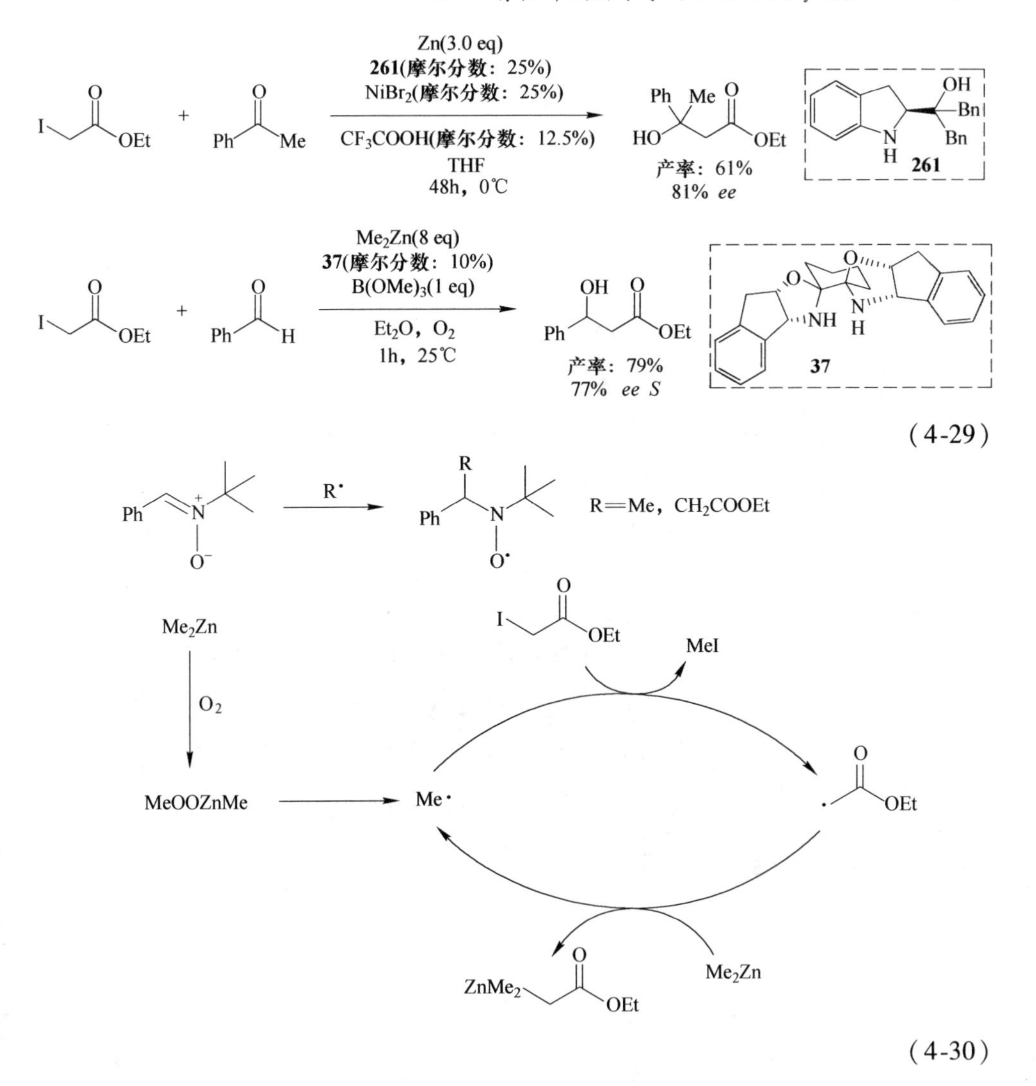

4.3.3 Reformatsky 试剂对亚胺的加成反应

与羰基化合物类似，亚胺类化合物是运用 Reformatsky 反应制备 β-氨基酸衍生物的优良底物候选物。事实上，自从 Gilman 等人首次报道以来，目前已经出现了好几个亚胺的 Reformatsky 反应的例子，该类型的反应不仅生成 β-氨基酯，往往同时得到 β-内酰胺（见式（4-31））[201-202]。Adrian 等人的研究表明，通过使用由 2-甲氧基苯胺制备的亚胺可以高选择性合成 β-氨基酯。邻位甲氧基的负电性氧原子具有诱导效应，这在降低亚氨基氮的亲核性和阻止环化生成内酰胺中起关键作用。

ZnBr　O　OR^1　+　R^2　N　R^3　→　R^3　N　H　R^2　O　OR^1　+　R^3　N　O　R^2

262　263

R^1，R^2 和 R^3 =烷基或芳基

Br　OMe　O　+　Cl　O　H　+　NH_2　OMe

Me_2Zn(3.5 eq)
$NiCl(PPh_3)_3$(摩尔分数：5%)
CH_2Cl_2，N_2，25℃

OMe　NH　O　OMe　Cl

265
产率：96%

（4-31）

由于亚胺和 Reformatsky 试剂都可以在原位生成，Adrian 等人还将该反应应用于醛、苯胺和 α-卤代酯化合物的三组分一锅法亚胺 Reformatsky 反应（见式（4-31））。Me_2Zn 和催化量（摩尔分数为 5%）的氯代三（三苯基膦）镍（Ⅱ）（$NiCl(PPh_3)_3$）的组合以高产率得到相应的 β-氨基羰基化合物 **265**。值得注意的是，使用亲核性较低的 Me_2Zn 代替 Et_2Zn 可防止烷基加成到亚氨基上。式（4-32）展示了可能的均相催化反应的机理，催化循环由镍（0）的形成开始，镍（0）与 α-溴羰基化合物氧化加成以形成镍（Ⅱ）配合物，在与 Me_2Zn 进行配体交换后，形成锌的烯醇化物和甲基化的镍（Ⅱ）配合物，然后进行还原消除释放乙烷，再生形成镍（0）物质完成一个催化循环。

Br　O　OMe

$Ni^{Ⅱ}$ Br　O　OMe

Me_2Zn

Ni^0

C_2H_6

$Ni^{Ⅱ}(Me)_n$

ZnBr　O　OMe　+　OMe　N　Cl

OMe　N　ZnBr　Cl　O　OMe

266

H^+

OMe　NH　Cl　O　OMe

265

（4-32）

最近，亚胺的立体选择性 Reformatsky 反应也取得了进展[203]。Ukaji 等人报道了在等摩尔分数的 *L*-酒石酸二异丙酯 **267** 作为手性源条件下，由 Et_2Zn 和碘乙酸叔丁酯原位制备的 Reformatsky 试剂可对 3,4-二氢异喹啉 N-氧化物和亚胺进行对映选择性加成（见式（4-33））。对于后一反应，添加少量水能够提高产物产率和对映选择性，这可能是因为由酒石酸的金属盐和亚胺形成的聚集体的解离能够促进反应的进行。

Pr^iOOC, $COOPr^i$, BrMgO, OMgBr **267** —— Et_2Zn (5.0 eq)；2-羟基苯基亚胺 (1.0 eq)；H_2O (0.8 eq)；ICH_2COOBu^t (2.0 eq)；CH_2Cl_2，0℃ → **268**

产率：77%，93% *ee*

（4-33）

Cozzi 等人首次报道了在化学计量的 N-甲基麻黄碱 66 和摩尔分数为 8% 的镍（Ⅱ）盐存在下，Me_2Zn 介导的三组分一锅法对映选择性亚氨 Reformatsky 反应（见图 4-42）。多种类型的醛与 2-甲氧基苯胺和溴乙酸乙酯反应，能够以较好的对映选择性（64%～92% *ee*）得到 *β*-氨基酯。他们还在干燥空气存在下，通过使用碘乙酸乙酯和 2-苯基苯胺作为底物，成功地开发了该反应的催化形式（见图 4-43）。实验结果表明，*β*-氨基酯产物产率

溴乙酸乙酯 + RCHO + 2-甲氧基苯胺 —— **72** (1.6 eq)，Me_2Zn(4 eq)，$NiCl(PPh_3)_3$(摩尔分数：8%)，甲苯 → **269**

产率：96%

实验编号	R	温度/℃	时间/h	产率/%	对映异构体过量百分数/%
1	Ph	−30	48	63	83
2	4-ClPh	−25	3	62	90
3	PhCH ═CH	−20	48	60	85
4	2-萘基	−5	16	40	84
5	2-tiophene	−28	16	49	92
6	Pr^i	−10	48	57	64
7	Pr^i	−20	48	52	74

图 4-42 Reformatsky 反应

（67%～93%）和对映选择性（80%～95% *ee*）均较高。同时还发现该反应能够被自由基捕获剂 1,4-环己二烯抑制，表明该反应是通过自由基机理进行的[204]。

实验编号	R	配体摩尔分数/%	温度/℃	时间/h	产率/%	对映异构体过量百分数/%
1	Ph	30	−30	24	80	93
2	$4\text{-}Pr^iC_6H_4$	30	0	3	84	80
3	$4\text{-}Pr^iC_6H_4$	30	−25	24	81	90
4	PhCH═CH	30	0	8	93	83
5	$4\text{-}CF_3C_6H_4$	20	0	8	90	95
6	2-萘基	30	0	8	90	94
7	*c*-hex	30	0	8	67	90
8	Pr^i	30	0	8	78	88

图 4-43 对映选择性反应

学者们还报道了通过亚胺 Reformatsky 反应合成氟化 β-氨基酸和 β-内酰胺的方法[205-206]。特别是 α,α-二氟-β-氨基酸 **279** 由于其新颖的结构而受人关注。传统上，溴二氟乙酸乙酯与亚胺或 N-（α-氨基烷基）苯并三唑的 Reformatsky 反应已用于这些化合物的合成。Quirion 等人首次报道了通过 Reformatsky 反应与手性助剂修饰的噁唑烷对映选择性合成 α,α-二氟-β-氨基酸 **279** 的方法（见式（4-34））。他们首先获得了相应的 β-内酰胺 **272**，作为具有高非对映选择性的主要产物进一步转化为烯酰胺，然后酸性水解得到氟化的 β-氨基酸 **279**，转化过程没有消旋化。为了更直接地获得化合物 **279**，应用对映纯亚磺酰亚胺作为手性助剂，结果发现 Ellman N-叔丁基亚磺酰亚胺 **275** 和对甲苯亚磺酰亚胺 **277** 发生非对映选择性的 Reformatsky 反应，随后脱去亚磺酰基保护，以高产率和高对映体纯度得到化合物 **279**（见式（4-35））。

$BrCF_2CO_2Et$ (3.5 eq), Zn, THF；Tf_2O，吡啶；DBU或Bu^tOK，CH_2Cl_2；6 N HCl

271 R^1=Ph或Et，R^2=烷基或芳基

272 产率：35%～69%，85%～99% *de*

273 产率：69%～78%

274 产率：93%～96%

(4-34)

RCHO, $CuSO_4$, CH_2Cl_2；R=烷基或芳基；275；$ZnBrCF_2CO_2Et$, THF

276 产率：51%~82%，60%~90% *de*

277 R=烷基或芳基；$ZnBrCF_2CO_2Et$, THF

278 产率：59%~85%，72%~98% *de*；6N HCl；279

(4-35)

Kumadaki 等人将 Et_2Zn 和 Wilkinson 催化剂组合应用于高化学选择性的亚胺 Reformatsky 反应[207]。当反应在无水溶剂中进行时，得到 α,α-二氟-β-内酰胺 **281**，而当在无水溶剂中加入七水硫酸镁（$MgSO_4 \cdot 7H_2O$）时，则以良好的产率生成 α,α-二氟-β-氨基酯（见图 4-44）。他们通过将对映纯的薄荷基引入溴二氟乙酸酯进一步开发了这类反应的对映选择性形式（见式（4-36））。此外，他们将底物酯改变为二溴氟乙酸乙酯，反应经高度化学和非对映选择性的亚氨基 Reformatsky 过程，生成 α-溴-α-氟-β-内酰胺 **286**。该反应

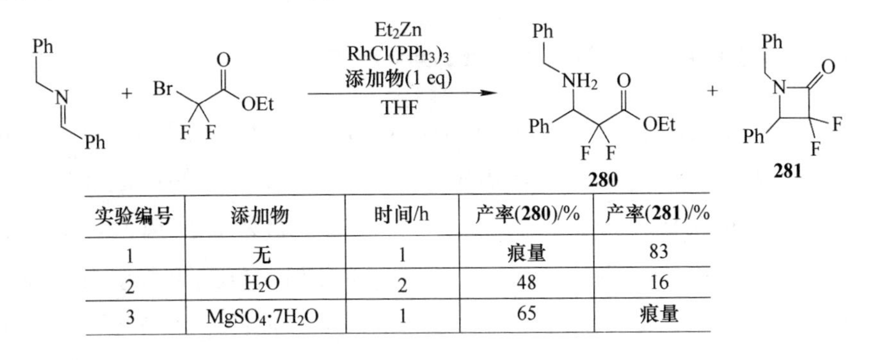

实验编号	添加物	时间/h	产率(280)/%	产率(281)/%
1	无	1	痕量	83
2	H_2O	2	48	16
3	$MgSO_4 \cdot 7H_2O$	1	65	痕量

图 4-44 α,α-二氟-β-氨基酯生成反应

在没有添加铑催化剂的情况下进行，并且完全没有检测到非环化的 α-溴-α-氟-β-氨基酯；然而，通过 aza-Darzens 型反应会产生少量氮杂环丙烷 287（见式（4-37））。

282　283　Et_2Zn　$RhCl(PPh_3)_3$　THF　1h，−10℃

284，产率：83%　91% *ee*

285，产率：0%

（4-36）

Et_2Zn(3 eq)　Et_2O　1h，−10℃

286　产率：76%　100% *de*(顺式)

287　产率：8%　100% *de*(反式)

288　未检测到

289　Et_2Zn　催化量 $RhCl(PPh_3)_3$　$ClCH_2CH_2Cl$　30min，0℃

ICH_2Cl　9h，−19℃　然后3h，0℃　然后16h，室温

290　产率：79%

（4-37）

4.3.4　其他类型的锌介导的 Reformatsky 反应

最近，已经报道了几个涉及 Reformatsky 反应的串联反应。Cossy 等人研究了 ω-不饱和羰基化合物 **289** 的 Reformatsky/环丙烷化一锅串联反应，合成了 ω-环丙醇 **290**（见式（4-38））。第一步是在二氯乙烷中用 $RhCl(PPh_3)_3$ 催化溴乙酸甲酯和 Et_2Zn 反应，第二步则是通过加入氯碘甲烷引发反应。与单独进行反应相比，该方法可以获得更高的产率。同时，值得注意的是，两步反应都是由 Et_2Zn 介导的。

ZnBr—CH(R)—COOEt + BnOCOCOSiMe$_2$Bu^t (Et$_2$O, 15min, −30℃) → MeCOPh (1h, −30℃至室温) → 291

291 产率：67%，dr>25:1(R = Me)
产率：55%，dr>−25:1(R = Et)

ZnBr—CH$_2$—COOEt + BnOCOCOSiMe$_2$Bu^t + β-内酯（—C≡C—SiMe$_3$）(Et$_2$O，−30~0℃) → 292

292，产率：67%，dr>20:1

(4-38)

Johnson 等人报道了溴代丙酸烯醇锌与乙醛酸硅酯和芳基酮的双重 Reformatsky 反应，以高非对映选择性的方式得到五取代的 γ-丁内酯 **291**（见式（4-38）)，该反应通过 Reformatsky 试剂与甲硅烷基乙醛酸酯的亲核加成进行，得到第一种锌-醛多酸酯，然后进行［1,2］-Brook 重排，得到新的锌 Reformatsky 试剂，其随后与芳基酮反应、内酯化后得到产物。他们还将亲电试剂从芳基酮改为 β-内酯，结果表明发生了 Reformatsky 试剂和甲硅烷基乙醛酸酯的串联 Reformatsky/Claisen 缩合反应[208-209]。由于 β-内酯不与 Reformatsky 试剂反应，因此可以同时加入这些试剂，反应得到取代的酮 **292**。该反应具有高度的非对映选择性，生成的 α-季碳的立体化学受 β-内酯控制。

4.4 有机锌试剂作为自由基引发剂

自由基介导的反应是有机合成领域中一类非常重要且独特的反应，因为这类反应条件温和、产物产率和化学选择性均较高。立体选择性自由基反应的发展始于 20 世纪 80 年代，并在此后的 40 年中得到了充分的研究。过氧化物、偶氮化合物和三乙基硼烷（Et_3B）是最常用的自由基源。尽管如此，由于二烷基锌试剂（R_2Zn）具有弱的路易斯酸性，且在与路易斯碱络合的帮助下常用于醛的烷基化。因此，当选择自由基引发剂时，二烷基锌已成为另一种选择。部分研究表明，与其他自由基引发剂相比，二烷基锌具有独特的反应性和选择性，使其成为有利的替代品。本节将总结二烷基锌试剂用作自由基引发剂的最新研究。

4.4.1　二烷基锌试剂介导的自由基反应

自 1984 年以来，人们已经认识到二烷基锌作为自由基源的用途。众所周知，Et_2Zn 可促进乙烯基化合物在空气中的自由基聚合。受这一结果的启发，Komatsu 等人将 Et_2Zn/air 体系应用于三丁基氢化锡介导的自由基反应，并展示了其作为自由基引发剂的潜力（见式（4-39））。在 Et_2Zn（摩尔分数为 5%）和空气存在下，用三丁基氢化锡（1.2 当量）促进 1-卤代金刚烷的还原脱卤，可以得到金刚烷。值得注意的是，将空气鼓泡通过反应混合物能够显著提高产物产率。如果该反应不使用 Et_2Zn，则产率较低，且发生副反应得到 1-金刚烷醇[210-211]。

Bu_3SnH(1.2 eq)，苯20℃，1h

	金刚烷	1-X-金刚烷	1-金刚烷醇
X=Br　Et_2Zn(摩尔分数：5%)	28%	67%	
X=Br　Et_2Zn(摩尔分数：5%)/空气	97%	97%	
X=I　Et_2Zn(摩尔分数：5%)/空气	94%	94%	
X=I　空气	41%	41%	10%

(4-39)

学者们还研究了二烷基锌促进烷基自由基的直接加成反应。Van Koten 等人首先研究了二烷基锌与 α-二亚胺和 α-亚胺酮的反应[212]。例如，R_2Zn 和 1,4-二氮杂-1,3-丁二烯 **293** 之间的反应可以得到相应的 C-烷基化和 N-烷基化产物。配合物 R_2Zn-**293** 中的分子内电荷转移提供了自由基对，自由基对随后转化为产物。该反应的产物比高度依赖于有机锌试剂的特定烷基（见式（4-40））。当使用伯烷基时，得到 N-烷基化产物，而叔烷基和苄基二烷基锌化合物则得到 C-烷基化产物。根据核磁共振（NMR）、电子自旋共振（ESR）谱和中间体锌配合物的 X 射线结构，可能的反应机理如式（4-41）所示。

R_2Zn + R^1N=CH–CH=NR^1 (**293**) ⟶ R^1–NH–CH=CH–N(R)–R^1 (**294**) + R^1NH–CH(R)–CH=N–R^1 (**295**)　(4-40)

294：N-烷基化，R=Me，Et

295：C-烷基化，R=Bu^t，Bn

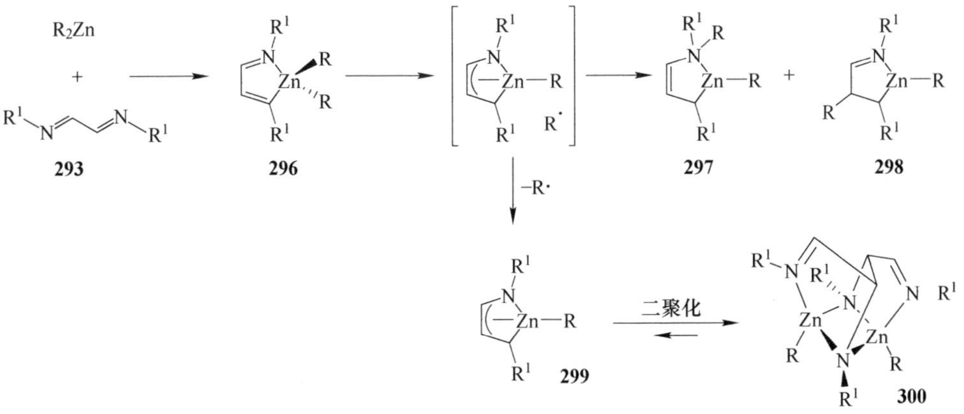

(4-41)

类似地，Bertrand 等人研究了 Et_2Zn 和乙醛酸亚胺 **301** 之间的反应，该反应主要得到 C-烷基化产物 **302**，并且其产率随着氧含量的增加而增加。此外，在叔丁基碘的存在下，通过碘原子转移生成了叔丁基自由基并加成到亚氨基的碳原子上（见图 4-45）[213]。

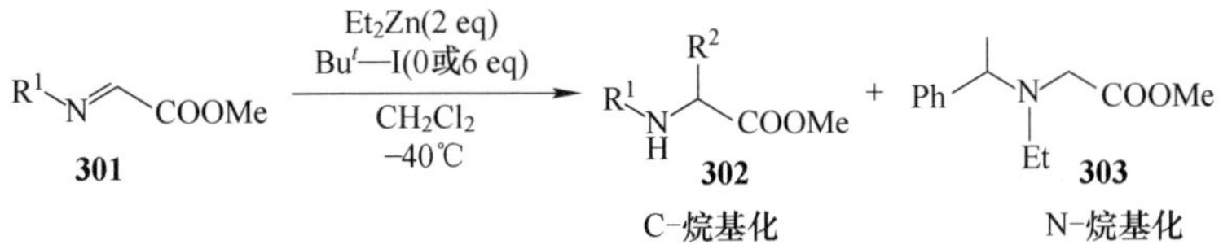

R^1	添加物	反应条件	产物产率/%		
			302 R^2=Et	**302** R^2=Bu^t	**303**
CH(Me)Ph	无	空气	49	—	9
CH(Me)Ph	无	除气，20℃	3	—	21
CH(Me)Ph	Bu^t—I(6 eq)	空气	0	66	0
OBn	无	空气	88	—	—
OBn	Bu^t—I(6 eq)	空气	16	74	—
NPh_2	无	空气	88	—	—
NPh_2	Bu^t—I(6 eq)	空气	17	72	—

图 4-45 Et_2Zn 和乙醛酸亚胺之间的反应

在这些反应中，Et_2Zn 扮演了多重角色：作为路易斯酸活化亚胺部分，作为自由基引发剂，以及作为链转移试剂。该反应也可应用于乙醛酸和腙，且能以更高的产率得到产物。Et_3B 可以介导类似的自由基加成到亚氨基上，然而，Et_2Zn 在非对映选择性加成反应中表现出高而且相反的立体诱导作用（见图 4-46）。这可以通过它们与底物的不同配位模式（Et_3B 的单齿和 Et_2Zn

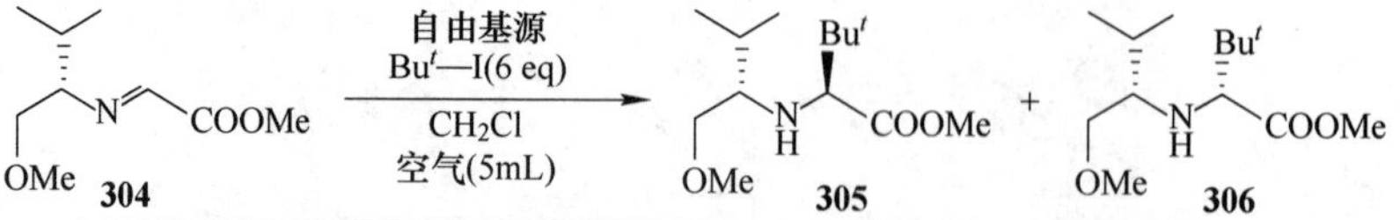

自由基源 Bu^t—I(6 eq)，CH_2Cl，空气(5mL)：304 → 305 + 306

自由基源	温度/℃	产率/%	产物比例/%	
Et_3B(3 eq)	20	42	55	45
Et_2Zn(2 eq)	20	41	87	13
Et_2Zn(2 eq)	−40	67	92	8

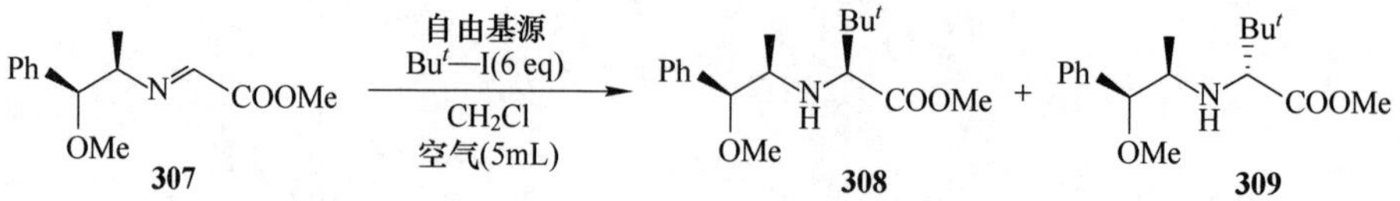

自由基源 Bu^t—I(6 eq)，CH_2Cl，空气(5mL)：307 → 308 + 309

自由基源	温度/℃	产率/%	产物比例/%	
Et_3B(3 eq)	20	42	65	35
Et_2Zn(2 eq)	20	39	22	78
Et_2Zn(2 eq)	−40	69	7	93

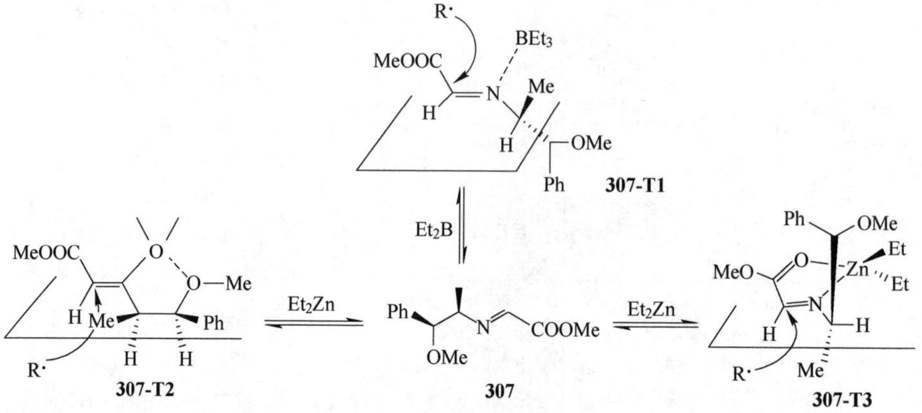

图 4-46　非对映选择性加成反应

的双齿）来解释。Bertrand 等人的研究表明，烷基苯基碲可以代替烷基碘作为自由基前体用于合成，但伯烷基自由基的加成无法进行。最近，他们将 Me_2Zn/烷基碘化物体系应用于乙炔二羧酸二乙酯的高选择性抗碳锌化反应，生成富马酸衍生物 **310**。这种立体选择性可以用烷基锌基团（相对于羧酸酯基团的顺式位置）的转移来解释，该转移由羰基氧原子与锌原子的配位控制（见图 4-47）。使用 Et_3B 代替 Me_2Zn，得到的主要产物为乙烯基碘，次要产物为 1∶1 的立体异构体混合物。这里，R_2Zn 再次表现出作为自由基介导试剂独特且优异的性质。在其他的一些报道中，当 Et_2Zn 与乙醛酸亚胺 **301** 的反应在惰性气氛下进行时，生成的是环状锌配合物且在与另一种亚胺反应后得到了相应的 β-内酰胺 **314**（见式（4-42））[214]。

EtOOC—≡—COOEt $\xrightarrow[\text{CH}_2\text{Cl}_2\text{，空气，室温，18h}]{\text{R}_2\text{Zn，R}^1\text{—I}}$ $\xrightarrow{\text{NH}_4\text{Cl}}$ **310**

R_2Zn	R^1—I	产率/%	*E*/*Z*比例
Et_2Zn(2eq)	无	89(R^2 = Et)	100/0
Me_2Zn(5eq)	无	32(R^2 = Me)	100/0
Me_2Zn(3eq)	Bu^t—I(5eq)	96(R^2 = Bu^t)	100/0
Me_2Zn(3eq)	Pr^i—I(5eq)	97(R^2 = Pr^i)	98/2
Me_2Zn(3eq)	Bu^s—I(5eq)	99(R^2 = Bu^s)	100/0
Me_2Zn(3eq)	Et—I(5eq)	34(R^2 = Et)，35(R^2 = Me)	100/0
Me_2Zn(3eq)	Et—I(10eq)	51(R^2 = Et)，33(R^2 = Me)	100/0

EtOOC—≡—COOEt → (R^2·) → 烷基锌基团转移 → **311** → (H^+) → 310

图 4-47 富马酸衍生物 **310** 生成反应

Tomioka 等人广泛研究了 Me_2Zn 作为自由基源的用途[215]。在他们涉及 Me_2Zn 与 N-磺酰基亚胺 **315** 的不对称加成反应的研究过程中，他们注意到在底物亚胺和四氢呋喃（THF）溶剂之间形成了加合物 **316**。在氩气气氛下进行相同的反应，使用硅脂密封装置的连接处，反应以非常低的产率（4%）得到加合物 **316**，并且几乎定量地回收了反应原料。然而，使空气鼓泡通过反应混合物可以显著加快反应的速度（见图 4-48）。这些结果表明，在空气存在下，Me_2Zn 具有从醚中获取氢原子以形成 α-烷氧基烷基自由基的能力。值得注意的是，其他二烷基锌试剂并不能有效地促进类似的反应，这些试剂不仅形成了烷基的加合物，而且还形成了相应的还原产物。这是因为甲基自由基不稳定，它会迅速从 THF 中获取一个 α-氢原子。此外，优选 α-THF 自由基与亚胺（而不是与醛）发生加成反应，这与使用促进两种反应的 Et_3B 的情况不同。

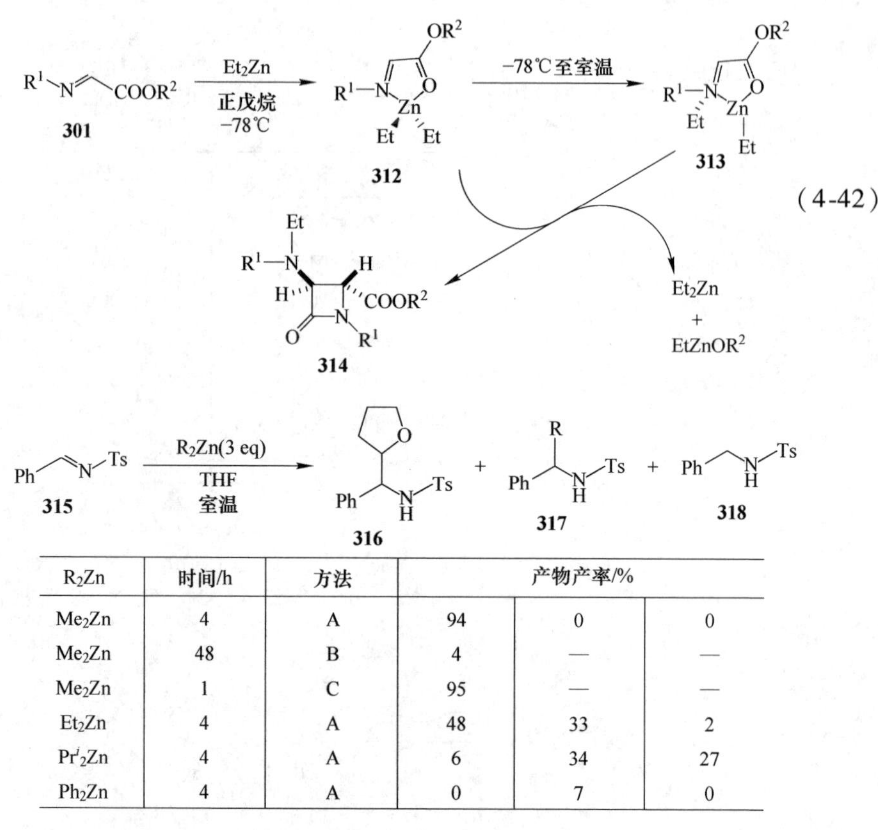

R_2Zn	时间/h	方法	产物产率/%		
Me_2Zn	4	A	94	0	0
Me_2Zn	48	B	4	—	—
Me_2Zn	1	C	95	—	—
Et_2Zn	4	A	48	33	2
Pr^i_2Zn	4	A	6	34	27
Ph_2Zn	4	A	0	7	0

图 4-48　不对称加成反应

二烷基锌与 α-THF 自由基的加成反应的范围可以扩展到底物如 α,β-不饱和亚胺 **319**，其主要通过底物的缓慢加成得到相应的 1,4-加合物 **171**（见图 4-49）。另外，次烷基丙二酸酯 **323** 可用作自由基受体与 α-THF 自由基反应，合成共轭加合物 **324**（见图 4-50）。当将 8-苯基薄荷醇作为手性助剂引入到底物亚苄基丙二酸酯中时，得到了非对映富集的加合物且随后成功地以高产率转化为手性内酯 **329**（见式（4-43））。共轭加成反应是化学选择性的，并且在羰基加成之前进行。为了以高产率获得产物，需要大量的 THF，然而，使用二甲基亚砜（DMSO）作为共溶剂，通过加入催化量的三氯化铁可以减少试剂的用量。该 Me_2Zn/空气介导的自由基反应也可用于环烷基自由基加成到亚胺**315**（见图4-51）。加入$BF_3 \cdot Et_2O$可以抑制生成氧化产物的副反应，并以中等产率得到氨基烷基化的环烷烃**330**。通过加入$BF_3 \cdot Et_2O$可以抑制Me_2Zn和空气与烷基碘化物或α-酰氧基烷基碘化物的组合，这已被证明能够提供相应的烷基自由基，从而生成亚胺**315**（见图4-52）。此外，在这种情况下，使用Et_2Zn可能伴随着不希望的乙基自由基加成反应，表明Me_2Zn作为自由基源是优越的。

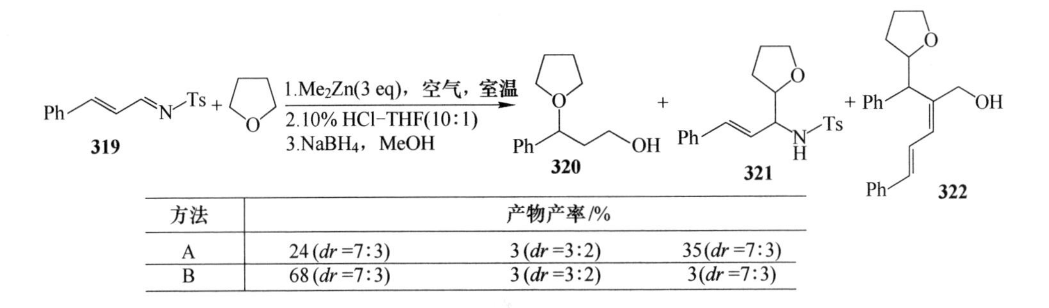

方法	产物产率/%		
A	24 (*dr* =7:3)	3 (*dr* =3:2)	35(*dr* =7:3)
B	68 (*dr* =7:3)	3 (*dr* =3:2)	3(*dr* =7:3)

图4-49 加成反应

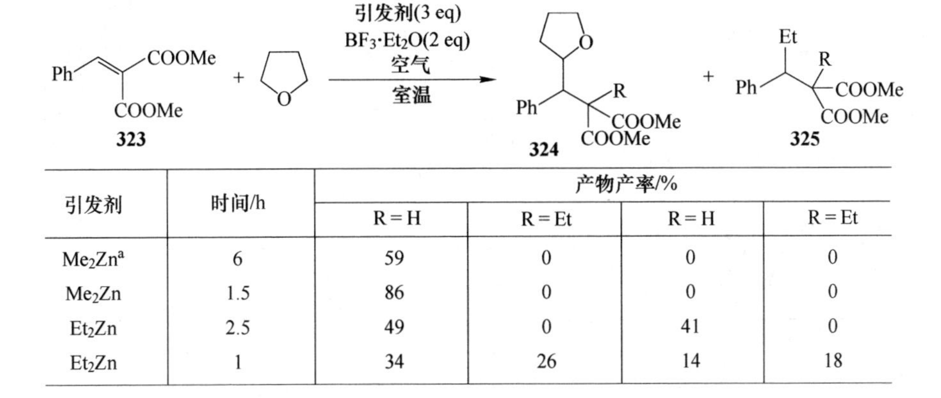

引发剂	时间/h	产物产率/%			
		R = H	R = Et	R = H	R = Et
Me_2Zn^a	6	59	0	0	0
Me_2Zn	1.5	86	0	0	0
Et_2Zn	2.5	49	0	41	0
Et_2Zn	1	34	26	14	18

图4-50 自由基受体与α-THF自由基反应

Ph COOR COOR **326** + (4,4,5,5-四甲基-1,3-二氧戊环) → Me_3Zn(3 eq)，$BF_3 \cdot Et_2O$(2 eq)，空气，室温，5~6h，86%，*dr* =93:7 → Ph COOR COOR **327**；R= (Me, Ph)

（4-43）

n	方法	时间/h	产物产率/%	
			X＝H	X＝OH
5	A	61	59	12
5	B	70	68	0
6	A	48	68	10
6	B	56	80	0
7	A	108	48	3
7	B	72	62	2
8	B	72	54	1

图 4-51 自由基反应

实验编号	Me_2Zn /eq	$BF_3 \cdot Et_2O$ /eq	添加物	温度	时间/h	产率/%
1	6	6	—	室温	10	62
2	6	6	CuI(0.1eq)	室温	6	64
3	2	2	$Cu(OTf)_2$(0.1eq)	室温	1.5	71
4	2	—	$Cu(OTf)_2$(0.1eq)	室温	24	45
5	2	2	$Cu(OTf)_2$(0.1eq)	室温	1.5	74
6	2	2	$Cu(OTf)_2$(0.1eq)	室温	1.5	5

图 4-52 化合物 **331** 生成反应

尽管这些反应通常被认为是由烷基自由基介导的简单的自由基链式过程，但很少有研究关注这些转化的详细机制。最近，Lewinski 等人报道了反应中间体的光谱分析和直接的晶体结构分析[216-218]。结果表明，在路易斯碱的存在下，R_2Zn 在受控条件下被分子氧的氧化仅对一个烷基选择性地进行。根据路易斯碱的碱性，Bu^t_2Zn 和分子氧的混合物可形成 $Bu^tZnOOBu^t$ 或 Bu^tZnOBu^t 等物种。基于这一观察结果，他们提出了氧插入 Zn—C 键的机制（见式（4-44））。在 Bu^t-**293** 存在下，从 Me_2Zn 和氧的混合物中，以高产率分离出具有类立方烷结构的氧代锌（甲基过氧化物）晶体。在 Me_2Zn 的情况下，氧化过程相当慢并且有好几步反应，导致许多不同类型的氧化物质的形成。^1H NMR 时间曲线分析表明，MeOOZnMe 最早形成并逐渐转化为氧代锌（甲基过氧化物）。他们提供了一种形成氧代锌（甲基过氧化物）物种的可能机制：MeOOZnMe 中 O—O 键的均裂生成 MeZnO · 自由基，该自由基与 Me_2Zn 结合产生 MeZnOZnMe 物种和 Me · 自由基。随后，所得的 MeZnOZnMe 物种和甲基过氧化物 MeOOZnMe 生成氧代（甲基过氧化物）物种。这些结果表明，已被学者们广泛接受的简单机理需要重新考虑，因为此类氧化反应的性质高度依赖于路易斯碱、反应温度和锌原子上的烷基。

（4-44）

Bertrand 等人使用 5-二乙氧基磷酰基-5-甲基-1-吡咯烷-N-氧化物（DEPMPO）作为自由基捕获剂进行 EPR 实验，并检测了 R_2Zn 与分子氧烷基（R · ）、烷氧基（RO · ）和烷基过氧（ROO · ）自由基物种之间的反应中所涉及的自由基物质的相对浓度[219]。当 R_2Zn（R ═Me，Et，或 Bu^n）在 183K 下与过量的 DEPMPO 混合后，以氧为中心的自由基物质（RO · 和 ROO · ）与烷基自由基的比值在所有三种情况下都非常高，且当二烷基锌是 Et_2Zn 和 Bu^n_2Zn 的情况下，当温度升高时对应比值几乎不变，这表明加合物在该温度范围内十分稳定。当二烷基锌是 Me_2Zn 时，形成以氧为中心的自由基物种的氧化过程比较大的烷基慢得多，同时观察到甲基自由基捕获的速率随温度而加快，这表明生成的甲基自由基含量增加。然而，当 R_2Zn 相对于 DEPMPO（**332**）过量并在 290K 下以空气鼓泡时（类似于一般实验条件），使用 Me_2Zn（72%）时烷氧基和烷基过氧基自由基的浓度总和高于 Et_2Zn（46%）和 Bu^n_2Zn（49%）。这种高浓度的以氧为中心的自由基可能导致 Me_2Zn 试剂的高自由基反应性，即可以从醚或烷烃等底物获取氢原子（见图 4-53）。

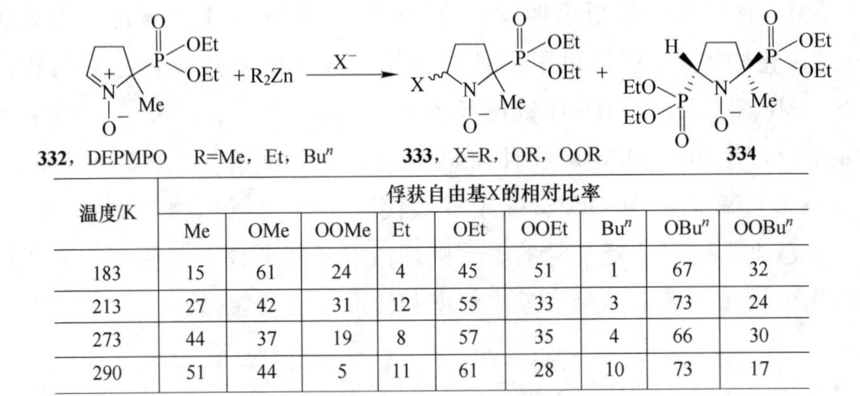

温度/K	俘获自由基X的相对比率								
	Me	OMe	OOMe	Et	OEt	OOEt	Bu^n	OBu^n	$OOBu^n$
183	15	61	24	4	45	51	1	67	32
213	27	42	31	12	55	33	3	73	24
273	44	37	19	8	57	35	4	66	30
290	51	44	5	11	61	28	10	73	17

图 4-53 自由基反应

4.4.2 二烷基锌试剂介导的自由基反应在多米诺反应中的应用

最近，由于具有高度的原子经济性，多米诺反应（串联反应）受到了广泛关注，而且从绿色化学的角度来看，该类反应有利于目标化合物的制备。自由基反应由于其温和的反应条件而在多米诺反应中特别有用。因此，已有不少 R_2Zn 介导的自由基多米诺反应被报道[220-221]。

Bertrand 等人报道了由 Et_2Zn 引发的 N-烯酰氧基-唑烷酮和苯甲醛之间的 1,4-加成/羟醛缩合反应的开创性研究。他们提出该反应的机理如式（4-45）所示，乙基自由基首先由 Et_2Zn 与分子氧产生，随后与叔丁基碘反应产生叔丁基自由基。随后将基团 1,4-加成到底物上得到烯氧基自由基，其通过消除乙基而转化为烯醇锌 **338**。烯醇化物 **338** 立即被苯甲醛捕获，在淬灭后得到相应的产物。Bertrand 等人引入 Evans 型手性恶唑烷酮辅助剂，氧化后高立体选择性地分离出产物。当底物为富马酸衍生物时，反应的中间体烯醇化锌可以进一步环化得到三取代的 γ-内酯。尽管产物是 5 种非对映体的混合物，脱除手性助剂后即可得到光学纯的 γ-内酯羧酸 **341**。这是因为碱催化的差向异构化发生在手性助剂的脱除过程中，且化合物 **341** 的立体化学由热力学控制所决定。

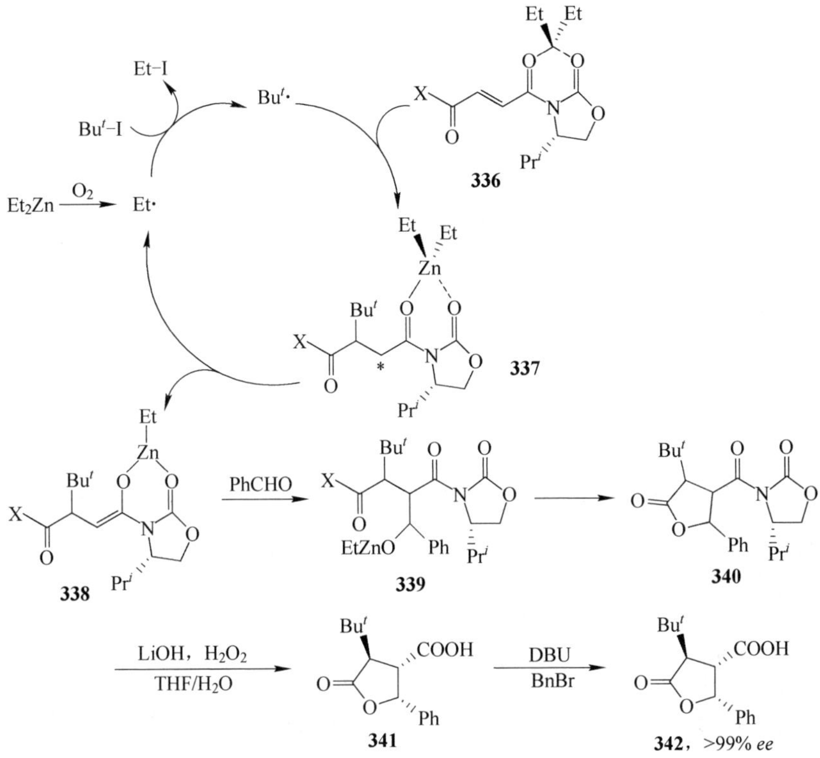

(4-45)

Chemla 等人报道了 β-N-烯丙基-N-苄基氨基酯 **343** 与 Bu^n_2Zn 的自由基多米诺反应，生成取代的吡咯烷类化合物（见式（4-46））。该反应首先由 Bu^n_2Zn 和分子氧产生丁烷基自由基，然后通过迈克尔加成与底物 **343** 反应。所得自由基以 5-exo-trig 方式加成到不饱和 C ═C 双键上，并进一步还原形成有机锌化合物。最后，它与亲电试剂反应得到取代的 N-苄基吡咯烷。当体系中存在氧时，中间体有机锌化合物的氧化进一步促进分子内环化，得到双环内酯 **347**。该反应具有立体选择性，当反应在室温下进行时，主要产物为顺式异构体。然而，在低温下，立体选择性发生逆转。这可能是因为羰基氧和氮原子的螯合作用将酯基导向了假轴向位置（见式（4-47））。对 β-烯丙氧基烯酸酯进行类似的反应，其中氨基氮原子被氧原子取代，得到取代的呋喃类化合物。

(4-46)

(4-47)

这种多米诺反应也可应用于涉及乙烯基锌物种形成的过程。Bertrand 等人报道了由 R_2Zn 引发 N,N-二烯丙基丙酰胺 **348** 的 1,4-加成/环化反应，得到相应的 3-次烷基-2-吡咯烷酮 **349**（见式（4-48））。他们将 R_2Zn 和叔（或仲）烷基碘化物结合，得到的叔（或仲）烷基自由基能够加成到三键上，然后进行 5-exo-trig 环化和还原，得到相应的内酰胺。在该反应中，催化量的 R_2Zn 足以完成反应；然而，在该类反应中，Et_2Zn 反应活性太高，而 Me_2Zn 反应活性又太低，这均阻碍了它们在该类反应中的应用。当丙炔酸烯丙酯 **352**（其是 N,N-二烯丙基丙炔酰胺 **348** 的类似物，其中烯丙基氨基氮原子被氧原子取代）进行该反应时，没有得到环化产物，仅观察到烷基自由基加成到了炔基三键上，而烯丙基保持不变（见图 4-54）。这是因为在 5-exo-trig 环化后，不利于通过中间体 α-烷氧羰基进行反应产生较不稳定的（E）-旋转异构体。类似地，Chemla 等人的研究表明 R_2Zn 介导的 β-(炔丙氧基) 烯酸酯 **355** 的 1,4-加成/环化反应得到取代的次烷基四氢呋喃 **356**。烷基自由基的 1,4-加成得到相应的烷氧基自由基，随后发生 5-exo-dig 环化反应并被 R_2Zn 还原得到烯基锌中间体，并进一步被适当的亲电试剂捕获得到相应产物（见式（4-49））。

1.R_2Zn，R^1-I，CH_2Cl_2，空气，室温，6h
2.NH_4Cl

348 → 349

$R_2Zn \xrightarrow[O_2]{R^1-I} R^1\cdot$

348 350 351 349 R^1-I

（4-48）

1.Et_2Zn，R^1—I，CH_2Cl_2，空气，室温，6h
2.NH_4Cl

352 → 353 + 354

实验编号	Et_2Zn /eq	R^1—I (10 eq)	产率/%	产物比例
1	1.5	Bu^t—I	89	98:2
2	0.4	Bu^t—I	89	27:73
3	0.2	Bu^t—I	89	13:87
4	1.5	Pr^i—I	89	83:17
5	0.4	Pr^i—I	89	28:72
6	0.2	Pr^i—I	89	14:86

图 4-54 加成反应

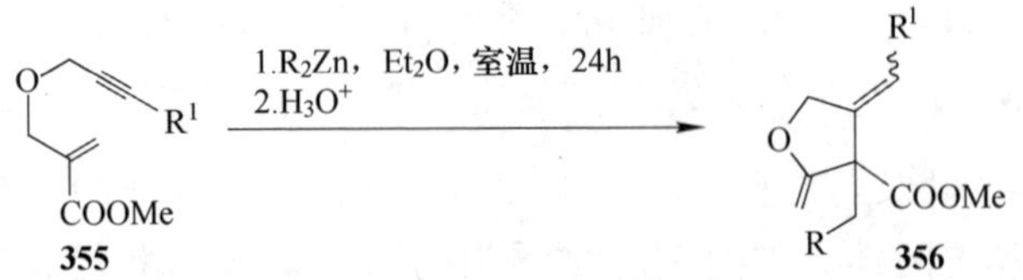

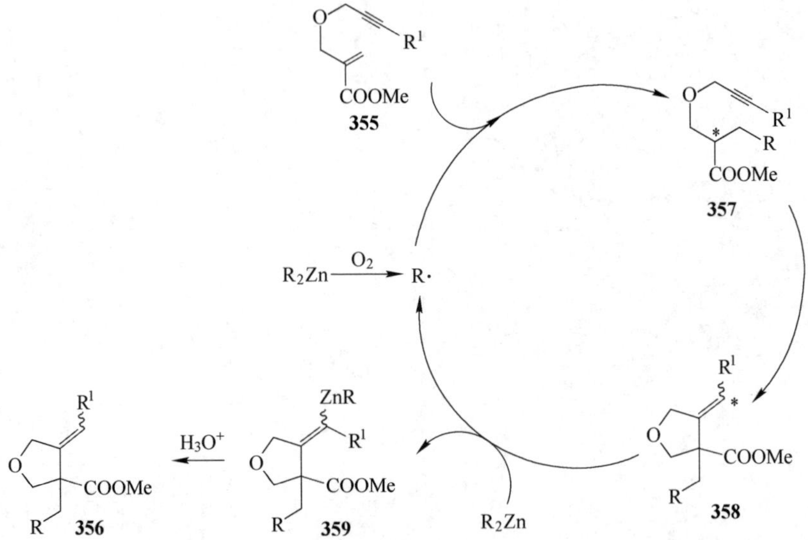

(4-49)

Bertrand 等人给出了另一个自由基多米诺反应的例子，即由 Me_2Zn 介导的酰氧基甲基碘化物和富马酸二乙酯立体选择性制备二取代的 γ-内酯 **360**（见式（4-50））。该反应涉及生成酰氧基甲基自由基及其对富马酸盐的 1，4-加成反应，由此得到的 α-酰氧基自由基进一步生成甲基自由基和烯醇锌中间体，再发生连续的分子内酰基转移和亲核取代得到反式-γ-内酯 **360**。值得注意的是，通过使用添加剂显著地改变了反应产物。加入 BF · Et_2O 得到内半缩醛 **364**，其在脱水后得到取代的二氢呋喃。三氟甲磺酸镱（Ⅲ）（$Yb(OTf)_3$）的加入则可阻止酰基的转移，并且仅得到酰氧基甲基自由基和底物的加合物 **366**（见式（4-51））。

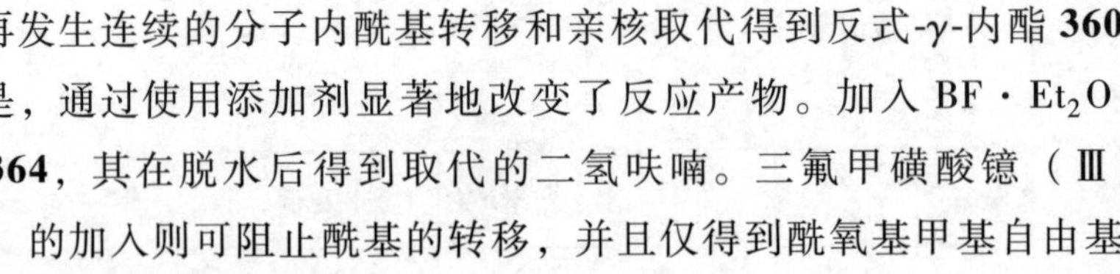

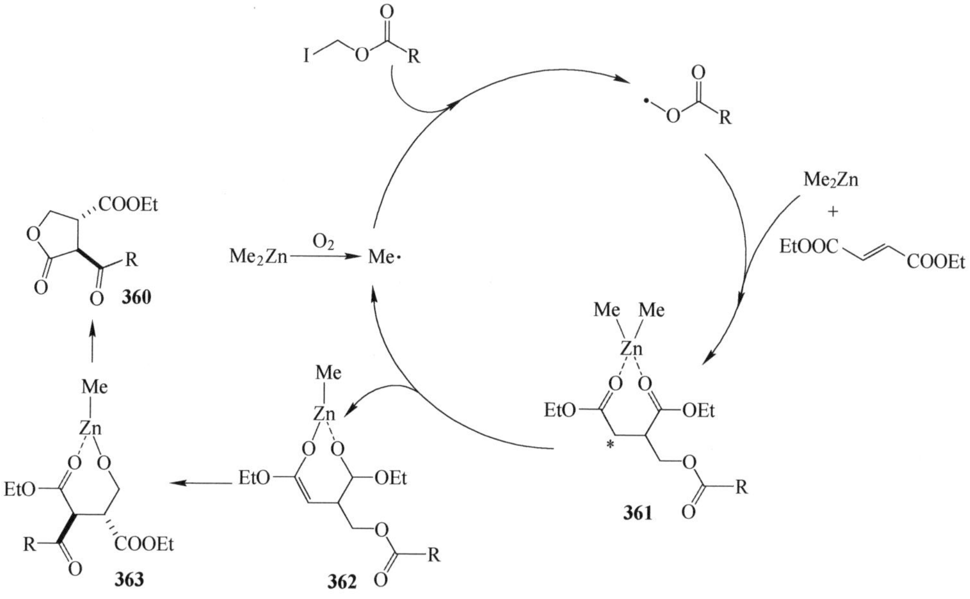

（4-50）

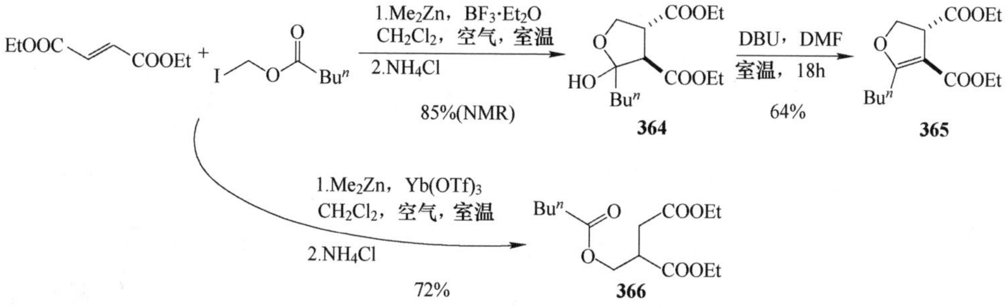

（4-51）

Tomioka 等人将 Me_2Zn 和 THF 生成的 α-THF 自由基的研究扩展到邻位带有甲酰基的亚苄基丙二酸酯的多米诺反应（见式（4-52））。由于上述 α-THF 自由基的加成反应具有高化学选择性，随后按顺序进行了 1,4-加成/5-exo-trig 羟醛环化反应，反应的产物 **368** 是 4 种非对映异构体的混合物。他们的研究还表明，通过三乙基硅烷进一步还原缩醛和苄基片段可得到三环内酯 **373**（见式（4-53））。

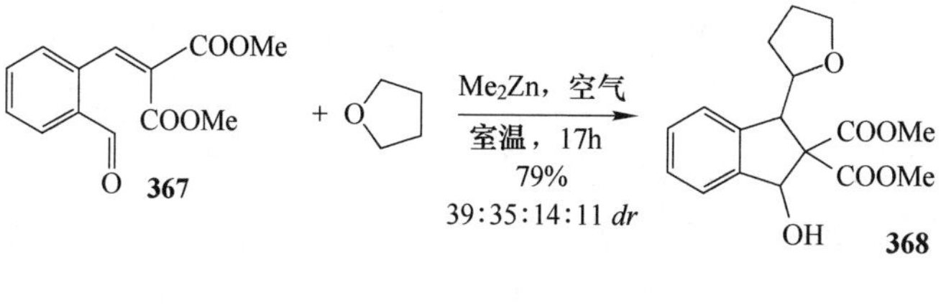

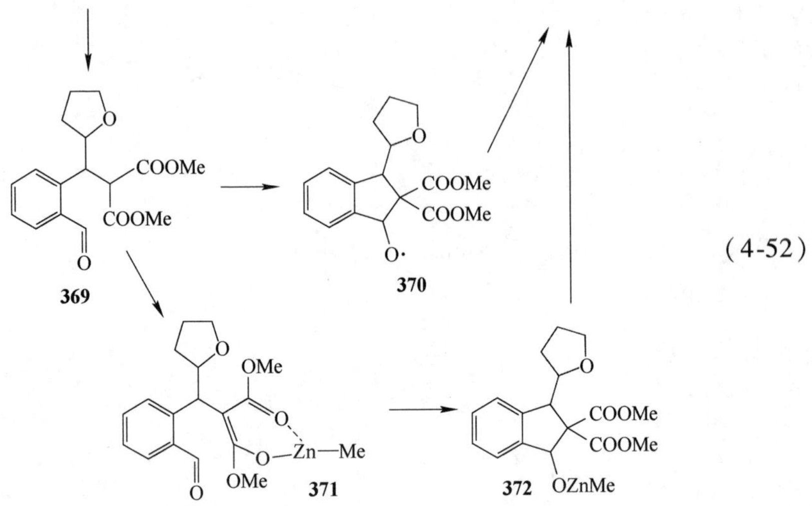

(4-52)

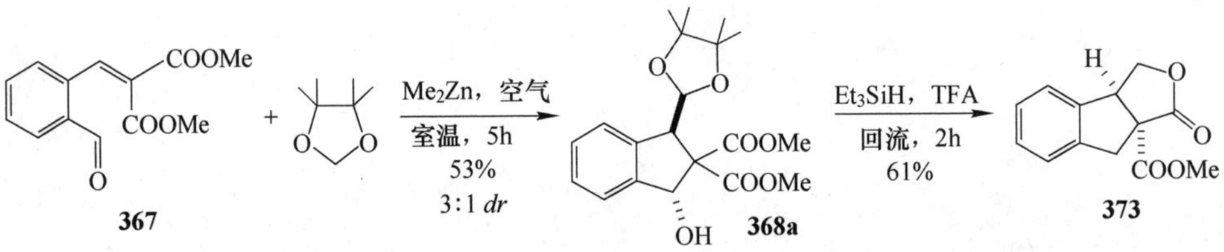

(4-53)

4.4.3　涉及有机锌试剂的其他反应

除了上述有机锌试剂在合成中的典型应用外，有机锌试剂的其他一些不常见的反应也取得了一些进展，尽管这些进展不能归入上述类别，但在有机锌领域仍具有重要意义。Mikami等人报道了在空气存在下，通过三氟甲基碘和 Et_3B 对酮甲硅烷基烯醇醚 **374** 进行自由基三氟甲基化（见图 4-55）。在该反应中，可通过加入 Et_2Zn 形成的配合物来活化底物，并能够显著提高产物 **375** 的产率（从 6%提高到 75%）[222-223]。

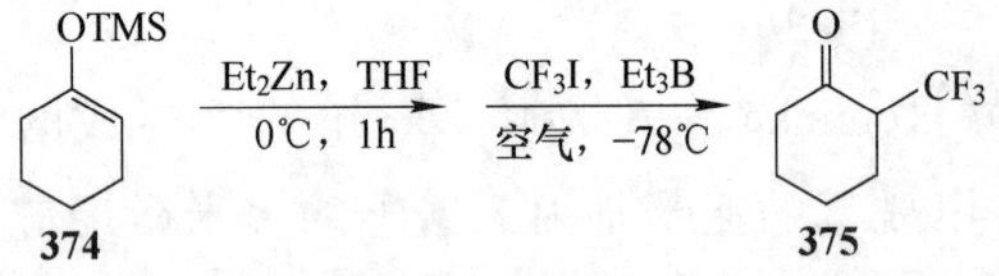

实验编号	Et_2Zn/eq	时间/h	产率/%
1	0	1	6
2	0	6	16
3	0	20	28
4	0.1	1	14
5	0.1	20	43
6	0.5	1	55
7	0.5	20	76
8	1.0	1	75

图 4-55　加成反应

Miyabe 等人的研究表明，可以使用甲酰胺和 R_2Zn 将芳炔顺序转化为邻位二取代的氨基苯酚 **377**（见式（4-54））。在通过氟化物阴离子消除前体的三甲基甲硅烷基和三氟甲磺酸酯基团时产生的芳炔与甲酰胺的 C ═O双键进行［2+2］环加成反应，得到张力四元环中间体氧杂环丁烷与更稳定的醌甲基化物达到平衡，其进一步与 R_2Zn 反应得到烷基化的氨基苯酚 **377**。在反应中使用 Et_3B 代替 Et_2Zn 仅得到痕量的乙基化产物，表明该反应不涉及自由基途径。

（4-54）

在 4.2 节总结的加成反应，通过对各种有机锌试剂、底物和配体的研究，已经得到了迅速拓展。在这些反应中，有机锌试剂显示出离子特性，并能够被各种适当的配体活化发生各种加成反应。考虑到有机锌试剂的发展，此处描述了有机锌试剂的一个新方面，即自由基特性，随着该特性在合成中的广泛应用必将进一步拓展有机锌试剂的潜力[224-229]。

参 考 文 献

［1］ LAZZAROTTO M, HARTMANN P, PLETZ J, et al. Asymmetric Allylation Catalyzed by Chiral Phosphoric Acids: Stereoselective Synthesis of Tertiary Alcohols and a Reagent-based Switch in Stereopreference［J］. Adv. Synth. Catal., 2021, 363: 3138-3143.

［2］ PU L. Asymmetric Functional Organozinc Additions to Aldehydes Catalyzed by 1,1′-Bi-2-naphthols (BINOLs)［J］. Accounts Chem. Res., 2014, 47: 1523-1535.

［3］ DIAN L, MAREK I. Asymmetric Preparation of Polysubstituted Cyclopropanes Based on Direct Functionalization of Achiral Three-Membered Carbocycles［J］. Chem. Rev., 2018, 118: 8415-8434.

［4］ VARGOVÁ D, NÉMETHOVÁ I, PLEVOVÁ K, et al. Asymmetric Transition-Metal Catalysis in the Formation and Functionalization of Metal Enolates［J］. ACS Catal., 2019, 9: 3104-3143.

［5］ CETIN A. Chiral Catalysts Utilized in the Nucleophilic Addition of Dialkyl-zinc Reagents to

Carbonyl Compounds [J]. Lett. Org. Chem., 2020, 17: 571-585.

[6] FOUBELO F, YUS M. Chiral N-tert-Butylsulfinyl Imines: New Discoveries [J]. The Chemical Record, 2020, 21: 1300-1341.

[7] WANG Q, LI S, HOU C J, et al. Chiral P, N-ligands for the highly enantioselective addition of diethylzinc to aromatic aldehydes [J]. Appl. Organomet. Chem., 2019, 33: e5108.

[8] OGUNI N, OMI T. Enantioselective addition of diethylzinc to benzaldehyde catalyzed by a small amount of chiral 2-amino-1-alcohols [J]. Tetrahedron Lett., 1984, 25: 2823-2824.

[9] KITAMURA M, SUGA S, KAWAI K, et al. Catalytic asymmetric induction. Highly enantioselective addition of dialkylzincs to aldehydes [J]. J. Am. Chem. Soc., 1986, 108: 6071-6072.

[10] HIROSE T, KODAMA K. Recent Advances in Organozinc Reagents. In Comprehensive Organic Synthesis [M]. Elsevier Ltd., 2014, 1: 204-266.

[11] PU L, YU H. Catalytic Asymmetric Organozinc Additions to Carbonyl Compounds [J]. Chem. Rev., 2001, 101: 757-824.

[12] REFORMATSKY S. Neue Synthese zweiatomiger einbasischer Säuren aus den Ketonen [J]. Berichte der deutschen chemischen Gesellschaft, 1887, 20: 1210-1211.

[13] BAZIN S, FERAY L, BERTRAND M P. Dialkylzincs in Radical Reactions [J]. Chimia, 2006, 60: 260.

[14] AKINDELE T, YAMADA K, TOMIOKA K. Dimethylzinc-Initiated Radical Reactions [J]. Accounts Chem. Res., 2009, 42: 345-355.

[15] SOAI K, OOKAWA A, OGAWA K, et al. Complementary catalytic asymmetric induction in the enantioselective addition of diethylzinc to aldehydes [J]. Journal of the Chemical Society, Chemical Communications, 1987 (6): 467.

[16] YAMAKAWA M, NOYORI R. An Ab Initio Molecular Orbital Study on the Amino Alcohol-Promoted Reaction of Dialkylzincs and Aldehydes [J]. J. Am. Chem. Soc., 1995, 117: 6327-6335.

[17] ROZEMA M J, EISENBERG C, LÜTJENS H, et al. Enantioselective preparation of polyfunctional secondary allylic alcohols using functionalized dialkylzincs prepared by a copper (Ⅰ) catalyzed iodine-zinc exchange reaction [J]. Tetrahedron Lett., 1993, 34: 3115-3118.

[18] SCHWINK L, KNOCHEL P. Catalytic asymmetric reductive addition of olefins to aldehydes mediated by boron and zinc organometallics [J]. Tetrahedron Lett., 1994, 35: 9007-9010.

[19] SOAI K, YOKOYAMA S, HAYASAKA T. Chiral N, N-dialkylnorephedrines as catalysts of the highly enantioselective addition of dialkylzincs to aliphatic and aromatic aldehydes. The asymmetric synthesis of secondary aliphatic and aromatic alcohols of high optical purity [J]. J. Org. Chem., 1991, 56: 4264-4268.

[20] DAI W, ZHU H, HAO X. Chiral ligands derived from abrine. Part 6: Importance of a bulky N-alkyl group in indole-containing chiral β-tertiary amino alcohols for controlling enantioselectivity in addition of diethylzinc toward aldehydes [J]. Tetrahedron: Asymmetry, 2000, 11: 2315-2337.

[21] PALEO M R, CABEZA I, SARDINA F J. Enantioselective Addition of Diethylzinc to Aldehydes Catalyzed by N-(9-Phenylfluoren-9-yl) β-Amino Alcohols [J]. J. Org. Chem., 2000, 65: 2108-2113.

[22] TAKEMOTO Y, BABA Y, HONDA A, et al. Asymmetric synthesis of (diene) Fe $(CO)_3$ complexes by a catalytic enantioselective alkylation using dialkylzincs [J]. Tetrahedron, 1998, 54: 15567-15580.

[23] WALLBAUM S, MARTENS J. Catalytic enantioselective addition of diethylzinc to aldehydes: Application of a new bicyclic catalyst [J]. Tetrahedron: Asymmetry, 1993, 4: 637-640.

[24] FALORNI M, COLLU C, CONTI S, et al. Chiral ligands containing heteroatoms. 14. 1, 3-oxazolidinyl methanols as chiral catalysts in the enantioselective addition of diethylzinc to aldehydes [J]. Tetrahedron: Asymmetry, 1996, 7: 293-299.

[25] NUGENT W A. MIB: an advantageous alternative to DAIB for the addition of organozinc reagents to aldehydes [J]. Chem. Commun., 1999, (15): 1369-1370.

[26] MATSUMOTO Y, OHNO A, LU S, et al. Enantioselective synthesis of 1-metallocenylalkanols by catalytic asymmetric alkylation of metallocenecarboxaldehydes with dialkylzincs [J]. Tetrahedron: Asymmetry, 1993, 4: 1763-1766.

[27] RODRÍGUEZ-ESCRICH S, REDDY K S, JIMENO C, et al. Structural Optimization of Enantiopure 2-Cyclialkylamino-2-aryl-1,1-diphenylethanols as Catalytic Ligands for Enantioselective Additions to Aldehydes [J]. J. Org. Chem., 2008, 73: 5340-5353.

[28] LAWRENCE C F, NAYAK S K, THIJS L, et al. N-Trityl-Aziridinyl (diphenyl) methanol as an Effective Catalyst in the Enantioselective Addition of Diethylzinc to Aldehydes [J]. Synlett, 2000, 1999: 1571-1572.

[29] PISANI L, SUPERCHI S. 1,1′-binaphthylazepine-based ligands for the enantioselective dialkylzinc addition to aromatic aldehydes [J]. Tetrahedron: Asymmetry, 2008, 19: 1784-1789.

[30] BEHNEN W, MEHLER T, MARTENS J. Catalytic enantioselective addition of diethylzinc to aldehydes: Synthesis and application of a new cyclic catalyst [J]. Tetrahedron: Asymmetry, 1993, 4: 1413-1416.

[31] WANG M, HOU X, CHI C, et al. The effect of direct steric interaction between substrate substituents and ligand substituents on enantioselectivities in asymmetric addition of diethylzinc to aldehydes catalyzed by sterically congested ferrocenyl aziridino alcohols [J]. Tetrahedron: Asymmetry, 2006, 17: 2126-2132.

[32] CHO B T, CHUN Y S, YANG W K. Catalytic enantioselective reactions. Part 18: [1] Preparation of 3-deoxy -3-N, N-dialkylamino -1,2; 5,6-di-O-isopropylidene-*D*-altritol derivatives from *D*-mannitol and their applications for catalytic enantioselective addition of dialkylzinc to aldehydes [J]. Tetrahedron: Asymmetry, 2000, 11: 2149-2157.

[33] JONES G B, GUZEL M, CHAPMAN B J. Refined enantioselective methylation catalysts: improved routes to bifunctional C5 synthons [J]. Tetrahedron: Asymmetry, 1998, 9: 901-905.

[34] YANG W K, CHO B T. Facile synthesis of chiral isopropyl carbinols with high enantiomeric excess via catalytic enantioselective addition of diisopropylzinc to aldehydes [J]. Tetrahedron: Asymmetry, 2000, 11: 2947-2953.

[35] CARDELLICCHIO C, CICCARELLA G, NASO F, et al. Use of readily available chiral compounds related to the betti base in the enantioselective addition of diethylzinc to aryl aldehydes [J]. Tetrahedron, 1999, 55: 14685-14692.

[36] HARI Y, AOYAMA T. Enantioselective Addition of Diethylzinc to Aldehydes Catalyzed by (1*R*, 2*R*)-10-(Dialkylamino) isoborneols [J]. Synthesis, 2005, 2005: 583-587.

[37] PALMIERI G. A practical o-hydroxybenzylamines promoted enantioselective addition of dialkylzincs to aldehydes with asymmetric amplification [J]. Tetrahedron: Asymmetry, 2000, 11: 3361-3373.

[38] BOLM C, MUÑIZ-FERNÁNDEZ K, SEGER A, et al. On the Role of Planar Chirality in Asymmetric Catalysis: A Study toward Appropriate Ferrocene Ligands for Diethylzinc Additions [J]. J. Org. Chem., 1998, 63: 7860-7867.

[39] WATANABE M. Catalytic Enantioselective Addition of Dimethylzinc to Metallocenecarboxaldehydes and Asymmetric Synthesis of the Catalyst [J]. Synlett, 1995, 1995: 1050-1052.

[40] WALLY H, WIDHALM M, WEISSENSTEINER W, et al. A homoannularly bridged hydroxyamino ferrocene as an efficient catalyst for the enantioselective ethylation of aromatic and aliphatic aldehydes [J]. Tetrahedron: Asymmetry, 1993, 4: 285-288.

[41] YANG X, HIROSE T, ZHANG G. Synthesis of novel chiral tridentate aminophenol ligands for enantioselective addition of diethylzinc to aldehydes [J]. Tetrahedron: Asymmetry, 2008, 19: 1670-1675.

[42] Wu Y, YUN H, WU Y, et al. Synthesis of N-α-pyridylmethyl amino alcohols and application in catalytic asymmetric addition of diethylzinc to aromatic aldehydes [J]. Tetrahedron: Asymmetry, 2000, 11: 3543-3552.

[43] DOSA P I, RUBLE J C, FU G C. Planar-Chiral Heterocycles as Ligands in Metal-Catalyzed Processes: Enantioselective Addition of Organozinc Reagents to Aldehydes [J]. J. Org. Chem, 1997, 62: 444-445.

[44] TANAKA T, SANO Y, HAYASHI M. Chiral Schiff Bases as Highly Active and Enantioselective Catalysts in Catalytic Addition of Dialkylzinc to Aldehydes [J]. Chemistry-An Asian Journal, 2008, 3: 1465-1471.

[45] ISHIZAKÍ M, FUJITA K, SHIMAMOTO M, et al. Catalysed asymmetric reaction of aldehydes with dialkylzinc in the presence of chiral pyridyl alcohols as ligands [J]. Tetrahedron: Asymmetry, 1994, 5: 411-424.

[46] BOLM C, SCHLINGLOFF G, HARMS K. Catalyzed Enantioselective Alkylation of Aldehydes [J]. Chemische Berichte, 1992, 125: 1191-1203.

[47] WASSMANN S, WILKEN J, MARTENS J. Synthesis and application of C2-symmetrical bis-β-amino alcohols based on the octahydro-cyclopenta [b] pyrrole system in the catalytic enantioselective addition of diethylzinc to benzaldehyde [J]. Tetrahedron: Asymmetry, 1999, 10: 4437-4445.

[48] LIU S, WOLF C. Chiral Amplification Based on Enantioselective Dual-Phase Distribution of a Scalemic Bisoxazolidine Catalyst [J]. Org. Lett., 2007, 9: 2965-2968.

[49] ANDRÉS J M, MARTÍNEZ M A, PEDROSA R, et al. Enantioselective ethylation of aldehydes catalyzed by chiral C2-symmetrical β-hydroxy-m-xylylene diamines [J]. Tetrahedron: Asymmetry, 1994, 5: 67-72.

[50] DIMAURO E F, KOZLOWSKI M C. Salen-Derived Catalysts Containing Secondary Basic Groups in the Addition of Diethylzinc to Aldehydes [J]. Org. Lett., 2001, 3: 3053-3056.

[51] COZZI P G, KOTRUSZ P. Highly Enantioselective Addition of Me_2Zn to Aldehydes Catalyzed by ClCr (Salen) [J]. J. Am. Chem. Soc., 2006, 128: 4940-4941.

[52] BISAI A, SINGH P K, SINGH V K. Enantioselective diethylzinc addition to aldehydes catalyzed by Ti (Ⅳ) complex of unsymmetrical chiral bis (sulfonamide) ligands of trans-cyclohexane 1,2-diamine [J]. Tetrahedron, 2007, 63: 598-601.

[53] HUI X, CHEN C, GAU H. Synthesis of new N-sulfonylated amino alcohols and application to the enantioselective addition of diethylzinc to aldehydes [J]. Chirality, 2005, 17: 51-56.

[54] BRIEDEN W, OSTWALD R, KNOCHEL P. Enantioselective Catalytic Addition of Functionalized Dialkylzinc Compounds to β-Stannylated Aldehydes: A Convenient Preparation of Chiral β- and γ-Functionalized Secondary Alcohols [J]. Angewandte Chemie International Edition in English, 1993, 32: 582-584.

[55] YOSHIOKA M, KAWAKITA T, OHNO M. Asymmetric induction catalyzed by conjugate bases of chiral proton acids as ligands: Enantioselective addition of dialkylzinc-orthotitanate complex to benzaldehyde with catalytic ability of a remarkable high order [J]. Tetrahedron Lett., 1989, 30: 1657-1660.

[56] OSTWALD R, CHAVANT P, STADTMUELLER H, et al. Catalytic Asymmetric Addition of Polyfunctional Dialkylzincs to β-Stannylated and β-Silylated Unsaturated Aldehydes [J]. J. Org. Chem., 1994, 59: 4143-4153.

[57] HUANG Z, LAI H, QIN Y. Syntheses of Novel Chiral Sulfinamido Ligands and Their Applications in Diethylzinc Additions to Aldehydes [J]. J. Org. Chem., 2007, 72: 1373-1378.

[58] MURTINHO D, ELISA SILVA SERRA M, ROCHA GONSALVES A M D A. Enantioselective ethylation of aldehydes with 1,3-N-donor ligands derived from (+)-camphoric acid [J]. Tetrahedron: Asymmetry, 2010, 21: 62-68.

[59] CHENG Y, BIAN Z, KANG C, et al. Chiral ligand 2-(2′-piperidinyl) pyridine: synthesis, resolution and application in asymmetric diethylzinc addition to aldehydes [J]. Tetrahedron: Asymmetry, 2008, 19, 1572-1575.

[60] QI G, JUDEH Z M A. Structurally constrained C_1 -1,1′-bisisoquinoline-based chiral ligands: geometrical implications on enantioinduction in the addition of diethylzinc to aldehydes [J]. Tetrahedron: Asymmetry, 2010, 21: 429-436.

[61] KANG J, LEE J W, KIM J I. Enantioselective addition of diethylzinc to α-branched aldehydes [J]. J. Chem. Soc., Chem. Commun, 1994: 2009-2010.

[62] MASAKI Y, SATOH Y, MAKIHARA T, et al. C_2-Symmetric N-(β-Mercaptoethyl) pyrrolidine as a Chiral Catalyst Ligand in the Addition Reaction of Aldehydes and Diethylzinc [J]. Chemical and Pharmaceutical Bulletin, 1996, 44: 454-456.

[63] HOF R P, POELERT M A, PEPER N C M W, et al. Sulfur derivatives of ephedra alkaloids; new and highly efficient chiral catalysts [J]. Tetrahedron: Asymmetry, 1994, 5: 31-34.

[64] HUANG W, HU Q, PU L. A Highly General Catalyst for the Enantioselective Reaction of Aldehydes with Diethylzinc [J]. J. Org. Chem., 1998, 63: 1364-1365.

[65] KITAJIMA H, ITO K, AOKI Y, et al. N,N,N′,N′-Tetraalkyl-2,2′-dihydroxy-1,1′-binaphthyl-3,3′-dicarboxamides: Novel Chiral Auxiliaries for Asymmetric Simmons-Smith Cyclopropanation of Allylic Alcohols and for Asymmetric Diethylzinc Addition to Aldehydes [J]. Bull. Chem. Soc. Jpn., 1997, 70: 207-217.

[66] HATANO M, MIYAMOTO T, ISHIHARA K. Enantioselective Dialkylzinc Addition to Aldehydes Catalyzed by Chiral Zn (Ⅱ)-BINOLates Bearing Phosphonates and Phosphoramides in the 3,3′-Positions [J]. Synlett, 2006, 2006: 1762-1764.

[67] MILBURN R R, HUSSAIN S M S, PRIEN O, et al. 3,3′-Dipyridyl BINOL Ligands. Synthesis and Application in Enantioselective Addition of Et_2Zn to Aldehydes [J]. Org. Lett., 2007, 9: 4403-4406.

[68] GUO Q, LIU B, LU Y, et al. Synthesis of 3 or 3,3′-substituted BINOL ligands and their application in the asymmetric addition of diethylzinc to aromatic aldehydes [J]. Tetrahedron: Asymmetry, 2005, 16: 3667-3671.

[69] ITO Y N, ARIZA X, BECK A K, et al. Preparation and Structural Analysis of Several New $\alpha,\alpha,\alpha',\alpha'$-Tetraaryl-1,3-dioxolane-4,5-dimethanols (TADDOL′s) and TADDOL analogs, their evaluation as titanium ligands in the enantioselective addition of methyltitanium and diethylzinc reagents to benzald [J]. Helv. Chim. Acta, 1994, 77: 2071-2110.

[70] SCHMIDT B, SEEBACH D. Catalytic and Stoichiometric Enantioselective Addition of Diethylzinc to Aldehydes Using a Novel Chiral Spirotitanate [J]. Angewandte Chemie International Edition in English, 1991, 30: 99-101.

[71] SHIBATA T, NAKATSUI K, SOAI K. Highly enantioselective catalytic isopropenylation of aldehydes using diisopropenylzinc [J]. Inorg. Chim. Acta, 1999, 296: 33-36.

[72] OPPOLZER W, RADINOV R N. Catalytic asymmetric synthesis of Secondary (*E*)-allyl alcohols from acetylenes and aldehydesvia (1-alkenyl) zinc intermediates. Preliminary Communication [J]. Helv. Chim. Acta, 1992, 75: 170-173.

[73] LAUTERWASSER F, GALL J, HÖFENER S, et al. Second-Generation N,O-[2,2] Paracyclophane Ketimine Ligands for the Alkenylzinc Addition to Aliphatic and Aromatic Aldehydes: Scope and Limitations [J]. Adv. Synth. Catal., 2006, 348: 2068-2074.

[74] JI J, QIU L, YIP C W, et al. A Convenient, One-Step Synthesis of Optically Active Tertiary Aminonaphthol and Its Applications in the Highly Enantioselective Alkenylations of Aldehydes [J]. J. Org. Chem., 2003, 68: 1589-1590.

[75] WU H, WU P, UANG B. Highly Enantioselective Synthesis of (*E*)-Allylic Alcohols [J]. J. Org. Chem., 2007, 72: 5935-5937.

[76] SPROUT C M, RICHMOND M L, SETO C T. A Positional Scanning Approach to the Discovery of Dipeptide-Based Catalysts for the Enantioselective Addition of Vinylzinc Reagents to Aldehydes [J]. J. Org. Chem., 2005, 70: 7408-7417.

[77] SATO I, ASAKURA N, IWASHITA T. A highly enantioselective synthesis of chiral allylic alcohols by asymmetric addition of novel mixed reagents of trialkenylbismuthines/dialkylzincs to aldehydes [J]. Tetrahedron: Asymmetry, 2007, 18: 2638-2642.

[78] SALVI L, JEON S, FISHER E L, et al. Catalytic Asymmetric Generation of (*Z*)-Disubstituted Allylic Alcohols [J]. J. Am. Chem. Soc., 2007, 129: 16119-16125.

[79] STANTON G R, JOHNSON C N, WALSH P J. Overriding Felkin Control: A General Method for Highly Diastereoselective Chelation-Controlled Additions to α-Silyloxy Aldehydes [J]. J. Am. Chem. Soc., 2010, 132: 4399-4408.

[80] SCHMIDT F, RUDOLPH J, BOLM C. Catalyzed Enantioselective Synthesis of Allyl Alcohols from Aldehydes and Alkenylboronic Acids [J]. Synthesis, 2006, 2006: 3625-3630.

[81] OKHLOBYSTIN O Y, ZAKHARKIN L I. Effects on solvents on reactions of organometallic compounds [J]. J. Organomet. Chem., 1965, 3: 257-258.

[82] FRANTZ D E, FÄSSLER R, CARREIRA E M. Facile Enantioselective Synthesis of Propargylic Alcohols by Direct Addition of Terminal Alkynes to Aldehydes [J]. J. Am. Chem. Soc., 2000, 122: 1806-1807.

[83] LU G, LI X, ZHOU Z, et al. Enantioselective alkynylation of aromatic aldehydes catalyzed by new chiral amino alcohol-based ligands [J]. Tetrahedron: Asymmetry, 2001, 12: 2147-2152.

[84] ISHIZAKI M, HOSHINO O. Efficient ligands, chiral 2-[2,2-dimethyl-1-(2-pyridyl)propoxy]-1,1-diarylethanols for highly enantioselective addition of alkynylzinc reagents to various aldehydes [J]. Tetrahedron: Asymmetry, 1994, 5: 1901-1904.

[85] TROST B M, WEISS A H, JACOBI VON WANGELIN A. Dinuclear Zn-Catalyzed Asymmetric Alkynylation of Unsaturated Aldehydes [J]. J. Am. Chem. Soc., 2006, 128: 8-9.

[86] YANG X, HIROSE T, ZHANG G. Enantioselective addition of phenylacetylene to aldehydes catalyzed by 1,3-aminophenol ligand [J]. Tetrahedron: Asymmetry, 2007, 18: 2668-2673.

[87] JIANG B, CHEN Z, XIONG W. Highly enantioselective alkynylation of aldehydes

catalyzed by a readily available chiral amino alcohol-based ligand [J]. Chem. Commun., 2002: 1524-1525.

[88] XU Z, CHEN C, XU J, et al. Highly Enantioselective Addition of Phenylacetylene to Aldehydes Catalyzed by a Camphorsulfonamide Ligand [J]. Org. Lett., 2004, 6: 1193-1195.

[89] HUI X, YIN C, CHEN Z, et al. Synthesis of new C2-symmetric bis (β-hydroxy amide) ligands and their applications in the enantioselective addition of alkynylzinc to aldehydes [J]. Tetrahedron, 2008, 64: 2553-2558.

[90] XU T, LIANG C, CAI Y, et al. Highly enantioselective addition of methyl propiolate to aldehydes catalyzed by a titanium (Ⅳ) complex of a β-hydroxy amide [J]. Tetrahedron: Asymmetry, 2009, 20: 2733-2736.

[91] WU P, WU H, SHEN Y, et al. Asymmetric synthesis of propargylic alcohols catalyzed by (−)-MITH [J]. Tetrahedron: Asymmetry, 2009, 20: 1837-1841.

[92] LI M, ZHU X, YUAN K, et al. Highly enantioselective phenylacetylene addition to aldehydes catalyzed by a chiral N, O-ferrocene ligand [J]. Tetrahedron: Asymmetry, 2004, 15: 219-222.

[93] DU X, WANG Q, HE X, et al. Highly enantioselective addition of linear alkyl alkynes to aromatic aldehydes [J]. Tetrahedron: Asymmetry, 2011, 22: 1142-1146.

[94] WOLF C, LIU S. Bisoxazolidine-Catalyzed Enantioselective Alkynylation of Aldehydes [J]. J. Am. Chem. Soc., 2006, 128: 10996-10997.

[95] XU M, PU L. A New 1,1′- Binaphthyl-Based Catalyst for the Enantioselective Phenylacetylene Addition to Aromatic Aldehydes without Using a Titanium Complex [J]. Org. Lett., 2002, 4: 4555-4557.

[96] KNEISEL F F, DOCHNAHL M, KNOCHEL P. Nucleophilic Catalysis of the Iodine-Zinc Exchange Reaction: Preparation of Highly Functionalized Diaryl Zinc Compounds [J]. Angew. Chem. Int. Ed., 2004, 43: 1017-1021.

[97] BOLM C, RUDOLPH J. Catalyzed Asymmetric Aryl Transfer Reactions to Aldehydes with Boronic Acids as Aryl Source [J]. J. Am. Chem. Soc., 2002, 124: 14850-14851.

[98] WU X, LIU X, ZHAO G. Catalyzed asymmetric aryl transfer reactions to aldehydes with boroxines as aryl source [J]. Tetrahedron: Asymmetry, 2005, 16: 2299-2305.

[99] KIM J G, WALSH P J. From Aryl Bromides to Enantioenriched Benzylic Alcohols in a Single Flask: Catalytic Asymmetric Arylation of Aldehydes [J]. Angew. Chem. Int. Ed., 2006, 45: 4175-4178.

[100] WU P, WU H, UANG B. Asymmetric Synthesis of Functionalized Diarylmethanols

Catalyzed by a New γ-Amino Thiol [J]. J. Org. Chem., 2006, 71: 833-835.

[101] HUANG W, PU L. New and improved ligands for highly enantioselective catalytic diphenylzinc additions to aryl aldehydes [J]. Tetrahedron Lett, 2000, 41: 145-149.

[102] BRAGA A L, MILANI P, VARGAS F, et al. Modular chiral thiazolidine catalysts in asymmetric aryl transfer reactions [J]. Tetrahedron: Asymmetry, 2006, 17: 2793-2797.

[103] YANG X, HIROSE T, ZHANG G. Catalytic enantioselective arylation of aryl aldehydes by chiral aminophenol ligands [J]. Tetrahedron: Asymmetry, 2009, 20: 415-419.

[104] TISOVSKÝ P, MEČIAROVÁ M, ŠEBESTA R. Synthesis of aryl (ferrocenyl) methanols via an enantioselective addition of arylboronic acids [J]. Tetrahedron: Asymmetry, 2011, 22: 536-540.

[105] LU G, KWONG F Y, RUAN J, et al. Highly Enantioselective Addition of In Situ Prepared Arylzinc to Aldehydes Catalyzed by a Series of Atropisomeric Binaphthyl-Derived Amino Alcohols [J]. Chem. Eur. J. 2006, 12, 4115-4120.

[106] WANG M, WANG X, DING X, et al. Catalytic asymmetric aryl transfer: highly enantioselective preparation of (*R*)- and (*S*)-diarylmethanols catalyzed by the same chiral ferrocenyl aziridino alcohol [J]. Tetrahedron, 2008, 64, 2559-2564.

[107] LIU X, QIU L, HONG L, et al. Enantioselective addition of thiophenylboronic acids to aldehydes using $ZnEt_2$/Schiff-base catalytic system [J]. Tetrahedron: Asymmetry, 2009, 20: 616-620.

[108] ITO K, TOMITA Y, KATSUKI T. Enantioselective phenyl transfer to aldehydes using 1, 1′-bi-2-naphthol-3,3′-dicarboxamide as chiral auxiliary [J]. Tetrahedron Lett., 2005, 46: 6083-6086.

[109] DEBERARDINIS A M, TURLINGTON M, PU L. Activation of Functional Arylzincs Prepared from Aryl Iodides and Highly Enantioselective Addition to Aldehydes [J]. Org. Lett., 2008, 10: 2709-2712.

[110] SOAI K, SHIBATA T, SATO I. Enantioselective Automultiplication of Chiral Molecules by Asymmetric Autocatalysis [J]. Accounts Chem. Res., 2000, 33: 382-390.

[111] KIM Y H. Dual Enantioselective Control in Asymmetric Synthesis [J]. Accounts Chem. Res., 2001, 34: 955-962.

[112] SOAI K, SHIBATA T, MORIOKA H, et al. Asymmetric autocatalysis and amplification of enantiomeric excess of a chiral molecule [J]. Nature, 1995, 378: 767-768.

[113] FUKUZAWA S, TSUCHIYA D, SASAMOTO K, et al. Diastereoselective 1,2-Addition

of Organometallic Reagents to Chiral Formylferrocenes Leading to Enantiomerically Pure Ferrocenyl Amino Alcohols: Application to Asymmetric Dialkylzinc Addition to Aldehydes and Synthesis of Optically Active 1,2-Homodisubstituted Ferrocenes [J]. Eur. J. Org. Chem., 2000 (16): 2877-2883.

[114] MACIEJEWSKI L A, GOETGHELUCK S J, DELACROIX O A, et al. Highly stereoselective alkylation through asymmetric intramolecular autoactivation; synthesis and use of a new chiral ligand [J]. Tetrahedron: Asymmetry, 1996, 7: 1573-1576.

[115] CHINKOV N, WARM A, CARREIRA E M. Asymmetric Autocatalysis Enables an Improved Synthesis of Efavirenz [J]. Angew. Chem. Int. Ed., 2011, 50: 2957-2961.

[116] TAN L, CHEN C, TILLYER R D, et al. A Novel, Highly Enantioselective Ketone Alkynylation Reaction Mediated by Chiral Zinc Aminoalkoxides [J]. Angew. Chem. Int. Ed., 1999, 38: 711-713.

[117] KIMURA K, SUGIYAMA E, ISHIZUKI T, et al. Dramatic reversal of enantioselectivity in β-aminoalcohol-catalyzed addition of diethylzinc to aldehydes [J]. Tetrahedron Lett., 1992, 33: 3147-3150.

[118] KIM Y H, PARK D H, BBYN I S. Stereocontrolled enantioselective addition of diethylzinc to aldehydes using new chiral aminoalcohols [J]. Heteroatom Chem., 1992, 3: 51-54.

[119] SIBI M P, CHEN J, COOK G R. Reversal of stereochemistry in diethylzinc addition to aldehydes by a simple change of the backbone substituent in *L*-serine derived ligands [J]. Tetrahedron Lett., 1999, 40: 3301-3304.

[120] YANG X, SHEN J, DA C, et al. Chiral pyrrolidine derivatives as catalysts in the enantioselective addition of diethylzinc to aldehydes [J]. Tetrahedron: Asymmetry, 1999, 10: 133-138.

[121] KANG J, KIM H Y, KIM J H. Synthesis of chiral plane-extended pyridyl alcohols for the enantioselective addition of diethylzinc to aldehydes [J]. Tetrahedron: asymmetry, 1999, 10: 2523-2533.

[122] BURGUETE M I, COLLADO M, ESCORIHUELA J, et al. Efficient Chirality Switching in the Addition of Diethylzinc to Aldehydes in the Presence of Simple Chiral α-Amino Amides [J]. Angew. Chem. Int. Ed., 2007, 46: 9002-9005.

[123] HIROSE T, SUGAWARA K, KODAMA K. Switching of Enantioselectivity in the Catalytic Addition of Diethylzinc to Aldehydes by Regioisomeric Chiral 1,3-Amino Sulfonamide Ligands [J]. J. Org. Chem., 2011, 76: 5413-5428.

[124] BINDER C M, BAUTISTA A, ZAIDLEWICA M, et al. Dual Stereoselectivity in the

Dialkylzinc Reaction Using (−)-β-Pinene Derived Amino Alcohol Chiral Auxiliaries [J]. J. Org. Chem., 2009, 74: 2337-2343.

[125] RAMÓN D J, YUS M. First enantioselective addition of dialkylzinc to ketones promoted by titanium (Ⅳ) derivatives [J]. Tetrahedron Lett., 1998, 39: 1239-1242.

[126] DOSA P I, FU G C. Catalytic Asymmetric Addition of $ZnPh_2$ to Ketones: Enantioselective Formation of Quaternary Stereocenters [J]. J. Am. Chem. Soc., 1998, 120: 445-446.

[127] YUS M, RAMÓN D J, PRIETO O. Highly enantioselective addition of dialkylzinc reagents to ketones promoted by titanium tetraisopropoxide [J]. Tetrahedron: Asymmetry, 2002, 13: 2291-2293.

[128] GARCÍA C, LAROCHELLE L K, WALSH P J. A Practical Catalytic Asymmetric Addition of Alkyl Groups to Ketones [J]. J. Am. Chem. Soc., 2002, 124: 10970-10971.

[129] HATANO M, MIYAMOTO T, ISHIHARA K. Highly Active Chiral Phosphoramide-Zn (Ⅱ) Complexes as Conjugate Acid-Base Catalysts for Enantioselective Organozinc Addition to Ketones [J]. Org. Lett., 2007, 9: 4535-4538.

[130] LU G, LI X, JIA X, et al. Enantioselective Alkynylation of Aromatic Ketones Catalyzed by Chiral Camphorsulfonamide Ligands [J]. Angew. Chem. Int. Ed., 2003, 42 (41): 5057-5058.

[131] STANTON G R, KOZ G, WALSH P J. Highly Diastereoselective Chelation-Controlled Additions to α-Silyloxy Ketones [J]. J. Am. Chem. Soc., 2011, 133: 7969-7976.

[132] FORRAT V J, RAMÓN D J, YUS M. Chiral tertiary alcohols from a trans-1-arenesulfonylamino-2-isoborneolsulfonylaminocyclohexane-catalyzed addition of organozincs to ketones [J]. Tetrahedron: Asymmetry, 2005, 16: 3341-3344.

[133] COZZI P G. Enantioselective Alkynylation of Ketones Catalyzed by Zn (Salen) Complexes [J]. Angew. Chem. Int. Ed., 2003, 42: 2895-2898.

[134] SAITO B, KATSUKI T. Zn (Salen)-Catalyzed Asymmetric Alkynylation of Ketones [J]. Synlett, 2004: 1557-1560.

[135] NI M, WANG R, HAN Z, et al. Synthesis of New C2-Symmetrical Bissulfonamide Ligands and Application in the Enantioselective Addition of Alkynylzinc to Aldehydes and Ketones [J]. Adv. Synth. Catal., 2005, 347: 1659-1665.

[136] GARCÍA C, WALSH P J. Highly Enantioselective Catalytic Phenylation of Ketones with a Constrained Geometry Titanium Catalyst [J]. Org. Lett., 2003, 5: 3641-3644.

[137] PRIETO O, RAMÓN D J, YUS M. Highly enantioselective arylation of ketones [J]. Tetrahedron: Asymmetry, 2003, 14: 1955-1957.

[138] VETTEL S, LUTZ C, KNOCHEL P. Enantioselective Synthesis of Protected α-Hydroxy Aldehydes and Related 1,2-Amino Alcohols. Applications to the Synthesis of (-)-exo- and (-)-endo-Brevicomin [J]. Synlett, 1996: 731-733.

[139] EISENBERG C, KNOCHEL P. Catalytic Asymmetric Preparation of Polyfunctional Protected 1,2-Diols and Epoxides [J]. J. Org. Chem., 1994, 59: 3760-3761.

[140] LUTZ C, LUTZ V, KNOCHEL P. Enantioselective synthesis of 1,2-, 1,3- and 1,4-aminoalcohols by the addition of dialkylzincs to 1,2-, 1,3- and 1,4- aminoaldehydes [J]. Tetrahedron, 1998, 54: 6385-6402.

[141] LÜTJENS H, KNOCHEL P. Enantioselective preparation of a C_3 symmetrical triol [J]. Tetrahedron: Asymmetry, 1994, 5: 1161-1162.

[142] OPPOLZER W, RADINOV R N, EL-SAYED E. Catalytic Asymmetric Synthesis of Macrocyclic (*E*)-Allylic Alcohols from ω-Alkynals via Intramolecular 1-Alkenylzinc/Aldehyde Additions [J]. J. Org. Chem., 2001, 66: 4766-4770.

[143] GARCÍA C, LIBRA E R, CARROLL P J, WALSH P J. A One-Pot Diastereoselective Synthesis of cis-3-Hexene-1, 6-diols via an Unusually Reactive Organozinc Intermediate [J]. J. Am. Chem. Soc., 2003, 125: 3210-3211.

[144] JEON S, WALSH P J. Asymmetric Addition of Alkylzinc Reagents to Cyclic α,β-Unsaturated Ketones and a Tandem Enantioselective Addition/Diastereoselective Epoxidation with Dioxygen [J]. J. Am. Chem. Soc., 2003, 125: 9544-9545.

[145] LURAIN A E, MAESTRI A, KELLY A R, et al. Highly Enantio- and Diastereoselective One-Pot Synthesis of Acyclic Epoxy Alcohols with Three Contiguous Stereocenters [J]. J. Am. Chem. Soc., 2004, 126: 13608-13609.

[146] KIM H Y, LURAIN A E, GARCÍA-GARCÍA P, et al. Highly Enantio- and Diastereoselective Tandem Generation of Cyclopropyl Alcohols with up to Four Contiguous Stereocenters [J]. J. Am. Chem. Soc., 2005, 127: 13138-13139.

[147] LI H, CARROLL P J, WALSH P J. Generation and Tandem Reactions of 1-Alkenyl-1, 1-Heterobimetallics: Practical and Versatile Reagents for Organic Synthesis [J]. J. Am. Chem. Soc., 2008, 130: 3521-3531.

[148] DIMAURO E F, KOZLOWSKI M C. The First Catalytic Asymmetric Addition of Dialkylzincs to α-Ketoesters [J]. Org. Lett., 2002, 4: 3781-3784.

[149] FUNABASHI K, JACHMANN M, KANAI M, et al. Multicenter Strategy for the

Development of Catalytic Enantioselective Nucleophilic Alkylation of Ketones: Me_2Zn Addition to α-Ketoesters [J]. Angew. Chem. Int. Ed., 2003, 42: 5489-5492.

[150] WIELAND L C, DENG H, SNAPPER M L, et al. Al-Catalyzed Enantioselective Alkylation of α-Ketoesters by Dialkylzinc Reagents. Enhancement of Enantioselectivity and Reactivity by an Achiral Lewis Base Additive [J]. J. Am. Chem. Soc., 2005, 127: 15453-15456.

[151] WU H, WU P, SHEN Y, et al. Asymmetric Addition of Dimethylzinc to α-Ketoesters Catalyzed by (−)-MITH [J]. J. Org. Chem., 2008, 73: 6445-6447.

[152] BLAY G, FERNÁNDEZ I, MARCO-ALEIXANDRE A, et al. Catalytic Asymmetric Addition of Dimethylzinc to α-Ketoesters, Using Mandelamides as Ligands [J]. Org. Lett., 2006, 8: 1287-1290.

[153] KATRITZKY A R, HARRIS P A. Enantioselective ethylation of N-(amidobenzyl) benzotriazoles catalysed by chiral aminoalcohols [J]. Tetrahedron: Asymmetry, 1992, 3: 437-442.

[154] SOAI K, HATANAKA T, MIYAZAWA T. Highly enantioselective alkylation of carbon-nitrogen double bonds. Catalytic and stoichiometric asymmetric synthesis of optically active amines by the enantioselective addition of dialkylzinc reagents to N-diphenylphosphinoylimines [J]. J. Chem. Soc., Chem. Commun., 1992: 1097-1098.

[155] ANDERSSON P G, GUIJARRO D, TANNER D. Preparation and Use of Aziridino Alcohols as Promoters for the Enantioselective Addition of Dialkylzinc Reagents to N-(Diphenylphosphinoyl) Imines [J]. J. Org. Chem., 1997, 62: 7364-7375.

[156] BERESFORD K J M. Enantioselective addition of diethylzinc to a N-diphenylphosphinoylimine employing cinchona alkaloids as chiral ligands [J]. Tetrahedron Lett., 2002, 43: 7175-7177.

[157] ZHANG X, ZHANG H, LIN W, et al. Evaluation of Chiral Oxazolines for the Highly Enantioselective Diethylzinc Addition to N-(Diphenylphosphinoyl) Imines [J]. J. Org. Chem., 2003, 68: 4322-4329.

[158] PORTER J R, TRAVERSE J F, HOVEYDA A H, et al. Enantioselective Synthesis of Arylamines Through Zr-Catalyzed Addition of Dialkylzincs to Imines. Reaction Development by Screening of Parallel Libraries [J]. J. Am. Chem. Soc., 2001, 123: 984-985.

[159] BOEZIO A A, CHARETTE A B. Catalytic Enantioselective Addition of Dialkylzinc to N-Diphenylphosphinoylimines. A Practical Synthesis of α-Chiral Amines [J]. J. Am. Chem. Soc., 2003, 125: 1692-1693.

[160] BOEZIO A A, PYTKOWICZ J, CÔTÈ A, et al. Asymmetric, Catalytic Synthesis of α-Chiral Amines Using a Novel Bis (phosphine) Monoxide Chiral Ligand [J]. J. Am. Chem. Soc., 2003, 125: 14260-14261.

[161] FUJIHARA H, NAGAI K, TOMIOKA K. Copper-Amidophosphine Catalyst in Asymmetric Addition of Organozinc to Imines [J]. J. Am. Chem. Soc., 2000, 122: 12055-12056.

[162] UKAJI Y, SHIMIZU Y, KENMOKU Y, et al. Catalytic Asymmetric Addition Reaction of Dialkylzinc to Nitrone Utilizing Tartaric Acid Ester as a Chiral Auxiliary [J]. Chem. Lett., 1997, 26: 59-60.

[163] BASRA S, FENNIE M W, KOZLOWSKI M C. Catalytic Asymmetric Addition of Dialkylzinc Reagents to α-Aldiminoesters [J]. Org. Lett., 2006, 8: 2659-2662.

[164] PIZZUTI M G, MINNAARD A J, FERINGA B L. Catalytic Enantioselective Addition of Organometallic Reagents to N-Formylimines Using Monodentate Phosphoramidite Ligands [J]. J. Org. Chem., 2008, 73: 940-947.

[165] MITANI M, TANAKA Y, SAWADA A, et al. Preparation of α,α-Disubstituted α-Amino Acid Derivatives via Alkyl Addition to α-Oxime Esters with Organozinc Species [J]. Eur. J. Org. Chem, 2008 (8): 1383-1391.

[166] HAURENA C, LE GALL E, SENGMANY S, et al. A Straightforward Three-Component Synthesis of α-Amino Esters Containing a Phenylalanine or a Phenylglycine Scaffold [J]. J. Org. Chem., 2010, 75: 2645-2650.

[167] TUCKER C E, DAVIDSON J, KNOCHEL P. Mild and stereoselective hydroborations of functionalized alkynes and alkenes using pinacolborane [J]. J. Org. Chem., 1992, 57: 3482-3485.

[168] PANDYA S U, PINET S, CHAVANT P Y, et al. Dimethylzinc-Promoted Vinylation of Nitrones with Vinylboronic Esters of Pinacol: A New Route to N-Allylic Hydroxylamines [J]. Eur. J. Org. Chem., 2003, 2003 (18): 3621-3627.

[169] WIPF P, KENDALL C, STEPHENSON C R J. Dimethylzinc-Mediated Additions of Alkenylzirconocenes to Aldimines. New Methodologies for Allylic Amine and C-Cyclopropylalkylamine Syntheses [J]. J. Am. Chem. Soc., 2003, 125: 761-768.

[170] FÄSSLER R, FRANTZ D E, OETIKER J, et al. First Synthesis of Optically Pure Propargylic N-Hydroxylamines by Direct, Highly Diastereoselective Addition of Terminal Alkynes to Nitrones [J]. Angew. Chem. Int. Ed., 2002, 41: 3054.

[171] PINET S, PANDYA S U, CHAVANT P Y, et al. Dialkylzinc-Assisted Alkynylation of Nitrones [J]. Org. Lett., 2002, 4: 1463-1466.

[172] WEI W, KOBAYASHI M, UKAJI Y, et al. Asymmetric Addition of Alkynylzinc Reagents to Nitrones Utilizing Tartaric Acid Ester as a Chiral Auxiliary [J]. Chem. Lett., 2006, 35: 176-177.

[173] ZHU S, YAN W, MAO B, et al. Enantioselective Nucleophilic Addition of Trimethylsilylacetylene to N-Phosphinoylimines Promoted by C2-Symmetric Proline-Derived β-Amino Alcohol [J]. J. Org. Chem., 2009, 74: 6980-6985.

[174] ZANI L, ALESI S, COZZI P G, et al. Dimethylzinc-Mediated Alkynylation of Imines [J]. J. Org. Chem., 2006, 71: 1558-1562.

[175] BLAY G, CARDONA L, CLIMENT E, et al. Highly Enantioselective Zinc/Binol-Catalyzed Alkynylation of N-Sulfonyl Aldimines [J]. Angew. Chem. Int. Ed., 2008, 47: 5593-5596.

[176] TRAVERSE J F, HOVEYDA A H, SNAPPER M L. Enantioselective Synthesis of Propargylamines through Zr-Catalyzed Addition of Mixed Alkynylzinc Reagents to Arylimines [J]. Org. Lett., 2003, 5: 3273-3275.

[177] JIANG B, SI Y. Lewis acid promoted alkynylation of imines with terminal alkynes: simple, mild and efficient preparation of propargylic amines [J]. Tetrahedron Lett., 2003, 44: 6767-6768.

[178] LEE K Y, LEE C G, NA J E, et al. Alkynylation of N-tosylimines with aryl acetylenes promoted by $ZnBr_2$ and N,N-diisopropylethylamine in acetonitrile [J]. Tetrahedron Lett. 2005, 46: 69-74.

[179] HERMANNS N, DAHMEN S, BOLM C, et al. Asymmetric, Catalytic Phenyl Transfer to Imines: Highly Enantioselective Synthesis of Diarylmethylamines [J]. Angew. Chem. Int. Ed., 2002, 41: 3692-3694.

[180] FILLON H, GOSMINI C, PÉRICHON J. New Chemical Synthesis of Functionalized Arylzinc Compounds from Aromatic or Thienyl Bromides under Mild Conditions Using a Simple Cobalt Catalyst and Zinc Dust [J]. J. Am. Chem. Soc., 2003, 125: 3867-3870.

[181] WANG S, ONARAN M B, SETO C T. Enantioselective Synthesis of 1-Aryltetrahydroisoquinolines [J]. Org. Lett., 2010, 12: 2690-2693.

[182] COZZI P G. Reformatsky Reactions Meet Catalysis and Stereoselectivity [J]. Angew. Chem. Int. Ed., 2007, 46: 2568-2571.

[183] COZZI P G, MIGNOGNA A, ZOLI L. Catalytic enantioselective Reformatsky reactions [J]. Pure Appl. Chem., 2008, 80: 891-901.

[184] VAUPEL A, KNOCHEL P. Stereoselective Synthesis of Heterocyclic Zinc Reagents via a

Nickel-Catalyzed Radical Cyclization [J]. J. Org. Chem., 1996, 61: 5743-5753.

[185] SANTANIELLO E, MANZOCCHI A. Use of the Zn-Cu Couple in the Reformatsky Reaction [J]. Synthesis, 1977, 1977: 698-699.

[186] KANAI K, WAKABAYASHI H, HONDA T. Rhodium-Catalyzed Reformatsky-Type Reaction [J]. Org. Lett., 2000, 2: 2549-2551.

[187] ADRIAN J C, SNAPPER M L. Multiple Component Reactions: An Efficient Nickel-Catalyzed Reformatsky-Type Reaction and Its Application in the Parallel Synthesis of β-Amino Carbonyl Libraries [J]. J. Org. Chem., 2003, 68: 2143-2150.

[188] FUKUZAWA S, MATSUZAWA H, YOSHIMITSU S. Asymmetric Samarium-Reformatsky Reaction of Chiral α-Bromoacetyl-2-oxazolidinones with Aldehydes [J]. J. Org. Chem., 2000, 65: 1702-1706.

[189] KONDO K, SEKI M, KURODA T, et al. 2-Substituted 2,3-Dihydro-4H-1,3-benzoxazin-4-ones: Novel Auxiliaries for Stereoselective Synthesis of 1-β-Methylcarbapenems1 [J]. J. Org. Chem., 1997, 62: 2877-2884.

[190] XU X, QIU X, QING F. Synthesis and utilization of trifluoromethylated amino alcohol ligands for the enantioselective Reformatsky reaction and addition of diethylzinc to N-(diphenylphosphinoyl) imine [J]. Tetrahedron, 2008, 64: 7353-7361.

[191] FUJIWARA Y, KATAGIRI T, UNEYAMA K. Trifluoromethylated amino alcohols as chiral ligands for highly enantioselective Reformatsky reaction [J]. Tetrahedron Lett., 2003, 44: 6161-6163.

[192] KLOETZING R J, THALER T, KNOCHEL P. An Improved Asymmetric Reformatsky Reaction Mediated by (-)-N,N-Dimethylaminoisoborneol [J]. Org. Lett., 2006, 8: 1125-1128.

[193] OJIDA A, YAMANO T, TAYA N, et al. Highly Enantioselective Reformatsky Reaction of Ketones: Chelation-Assisted Enantioface Discrimination [J]. Org. Lett., 2002, 4: 3051-3054.

[194] COZZI P G. A Catalytic, Me_2Zn-Mediated, Enantioselective Reformatsky Reaction with Ketones [J]. Angew. Chem. Int. Ed., 2006, 45: 2951-2954.

[195] FERNÁNDEZ-IBÁÑEZ M Á, MACIÁ B, MINNAARD A J, et al. Catalytic Enantioselective Reformatsky Reaction with Aldehydes [J]. Angew. Chem. Int. Ed., 2008, 47: 1317-1319.

[196] WOLF C, MOSKOWITZ M. Bisoxazolidine-Catalyzed Enantioselective Reformatsky Reaction [J]. J. Org. Chem., 2011, 76: 6372-6376.

[197] FERNÁNDEZ-IBÁÑEZ M Á, MACIÁ B, MINNAARD A J, et al. Catalytic

Enantioselective Reformatsky Reaction with ortho-Substituted Diarylketones [J]. Org. Lett., 2008, 10: 4041-4044.

[198] COZZI P G, MIGNOGNA A, VICENNATI P. Dimethylzinc-Mediated, Oxidatively Promoted Reformatsky Reaction of Ethyl Iodoacetate with Aldehydes and Ketones [J]. Adv. Synth. Catal., 2008, 350: 975-978.

[199] COZZI P G, BENFATTI F, CAPDEVILA M G, et al. Me_2Zn mediated, tert-butylhydroperoxide promoted, catalytic enantioselective Reformatsky reaction with aldehydes [J]. Chem. Commun., 2008 (28): 3317-3318.

[200] MILEO E, BENFATTI F, COZZI P G, et al. Me_2Zn as a radical source in Reformatsky-type reactions [J]. Chem. Commun., 2009: 469-470.

[201] GILMAN H, SPEETER M. The Reformatsky Reaction with Benzalaniline [J]. J. Am. Chem. Soc., 1943, 65: 2255-2256.

[202] ADRIAN J C, BARKIN J L, HASSIB L. β-Amino esters via the Reformatsky reaction: Restraining effects of the ortho-methoxyphenyl substituent [J]. Tetrahedron Lett., 1999, 40: 2457-2460.

[203] UKAJI Y, TAKENAKA S, HORITA Y, et al. Asymmetric Addition of Reformatsky-Type Reagent to Imines Utilizing Diisopropyl Tartrate as a Chiral Auxiliary [J]. Chem. Lett., 2001, 30: 254-255.

[204] COZZI P G, RIVALTA E. Highly Enantioselective One-Pot, Three-Component Imino-Reformatsky Reaction [J]. Angew. Chem. Int. Ed., 2005, 44: 3600-3603.

[205] STAAS D D, SAVAGE K. L, HOMNICK C F, et al. Asymmetric Synthesis of α,α-Difluoro-β-amino Acid Derivatives from Enantiomerically Pure N-tert-Butylsulfinimines [J]. J. Org. Chem., 2002, 67: 8276-8279.

[206] SOROCHINSKY A, VOLOSHIN N, MARKOVSKY A, et al. Convenient Asymmetric Synthesis of β-Substituted α,α-Difluoro-β-amino Acids via Reformatsky Reaction between Davis' N-Sulfinylimines and Ethyl Bromodifluoroacetate [J]. J. Org. Chem., 2003, 68: 7448-7454.

[207] TARUI A, KAWASHIMA N, SATO K, et al. Simple, chemoselective, and diastereoselective Reformatsky-type synthesis of α-bromo-α-fluoro-β-lactams [J]. Tetrahedron Lett., 2010, 51: 2000-2003.

[208] GRESZLER S N, MALINOWSKI J T, JOHNSON J S. Remote Stereoinduction in the Acylation of Fully Substituted Enolates: Tandem Reformatsky/Quaternary Claisen Condensations of Silyl Glyoxylates and β-Lactones [J]. J. Am. Chem. Soc., 2010, 132: 17393-17395.

[209] GRESZLER S N, JOHNSON J S. Diastereoselective Synthesis of Pentasubstituted γ-Butyrolactones from Silyl Glyoxylates and Ketones through a Double Reformatsky Reaction [J]. Angew. Chem. Int. Ed., 2009, 48: 3689-3691.

[210] ROUSSEAU G, SLOUGUI N. Reaction of ketene alkyl silyl acetals with bromoform-diethylzinc. An unprecedented cyclopropanation reaction [J]. J. Am. Chem. Soc., 1984, 106: 7283-7285.

[211] RYU I, ARAKI F, MINAKATA S, et al. Initiation of tin-mediated radical reactions by diethylzinc-air [J]. Tetrahedron Lett., 1998, 39: 6335-6336.

[212] WISSING E, RIJNBERG E, VAN DER SCHAAF P A, et al. A Comparative Study of Thermal- and Radiation-Induced Single Electron Transfer in Reactions of 1,4-Diaza-1,3-butadienes with Dialkylzinc Compounds [J]. Organometallics, 1994, 13: 2609-2615.

[213] MAURY J, FERAY L, BERTRAND M P. Unprecedented Noncatalyzed anti-Carbozincation of Diethyl Acetylenedicarboxylate through Alkylzinc Group Radical Transfer [J]. Org. Lett., 2011, 13: 1884-1887.

[214] VAN DER STEEN F H, KLEIJN H, JASTRZEBSKI J T B H, et al. A new and efficient route to 3-amino-2-azetidinones via zinc enolates of N,N-disubstituted glycine esters [J]. J. Org. Chem., 1991, 56: 5147-5158.

[215] YAMADA K, NAKANO M, MAEKAWA M, et al. Tin-Free Radical Addition of Acyloxymethyl to Imines [J]. Org. Lett., 2008, 10: 3805-3808.

[216] LEWIŃSKI J, MARCINIAK W, LIPKOWSKI J, et al. New Insights into the Reaction of Zinc Alkyls with Dioxygen [J]. J. Am. Chem. Soc., 2003, 125: 12698-12699.

[217] LEWIŃSKI J, SUWAŁA K, KUBISIAK M, et al. Oxygenation of a Me_2Zn/α-Diimine System: A Unique Zinc Methylperoxide Cluster and Evidence for Its Sequential Decomposition Pathways [J]. Angew. Chem. Int. Ed., 2008, 47: 7888-7891.

[218] LEWIŃSKI J, KOŚCIELSKI M, SUWAŁA K, et al. Transformation of Ethylzinc Species to Zinc Acetate Mediated by O_2 Activation: Reactive Oxygen-Centered Radicals under Control [J]. Angew. Chem. Int. Ed., 2009, 48: 7017-7020.

[219] DENES F, CHEMLA F, NORMANT J F. Domino 1,4-Addition/Carbocyclization Reaction through a Radical-Polar Crossover Reaction [J]. Angew. Chem. Int. Ed., 2003, 42: 4043-4046.

[220] PÉREZ LUNA A, BOTUHA C, FERREIRA F, et al. Radical-Polar Crossover Domino Reaction Involving Alkynes: A Stereoselective Zinc Atom Radical Transfer [J]. Chemistry-A European Journal, 2008, 14: 8784-8788.

[221] FERAY L, BERTRAND M P. Dialkylzinc-Mediated Atom Transfer Sequential Radical

Addition Cyclization [J]. Eur. J. Org. Chem., 2008, 2008: 3164-3170.

[222] MIKAMI K, TOMITA Y, ICHIKAWA Y, et al. Radical Trifluoromethylation of Ketone Silyl Enol Ethers by Activation with Dialkylzinc [J]. Org. Lett, 2006, 8: 4671-4673.

[223] YOSHIOKA E, KOHTANI S, MIYABE H. Sequential Reaction of Arynes via Insertion into the π-Bond of Amides and Trapping Reaction with Dialkylzincs [J]. Org. Lett., 2010, 12: 1956-1959.

[224] 李高伟，王晓娟，赵文献，等. 炔基锌与醛的催化不对称加成反应研究进展 [J]. 有机化学，2010，30：1292-1304.

[225] BAUER T. Enantioselective dialkylzinc-mediated alkynylation, arylation and alkenylation of carbonyl groups [J]. Coord. Chem. Rev., 2015, 299: 83-150.

[226] WANG M. Enantioselective Analysis: Logic of Chiral Ligand Design for Asymmetric Addition of Diethylzinc to Benzaldehyde [J]. Chin. J. Org. Chem., 2018, 38: 162.

[227] LEE Y, PARK J, CHO S H. Generation and Application of (Diborylmethyl) zinc (Ⅱ) Species: Access to Enantioenriched gem-Diborylalkanes by an Asymmetric Allylic Substitution [J]. Angew. Chem. Int. Ed., 2018, 57: 12930-12934.

[228] LIU L, GUO Y, LIU Q, et al. Total Synthesis of Endolides A and B [J]. Synlett, 2019, 30: 2279-2284.

[229] CHIERCHIA M, XU P, LOVINGER G J, et al. Enantioselective Radical Addition/Cross-Coupling of Organozinc Reagents, Alkyl Iodides, and Alkenyl Boron Reagents [J]. Angew. Chem. Int. Ed., 2019, 58: 14245-14249.

5 有机锌试剂的展望

开发可持续、高效、高选择性地合成高价值化合物的方法是现代化学的基本研究目标之一[1-3]。减少浪费和降低能源需求显然是未来的挑战，学者们着眼于以更有效的方式利用有限的资源，以创造一个可持续发展的社会[4-7]。在迄今为止考虑的所有化学方法中，非均相、均相和生物催化为实现这一目标提供了一种有效的方法，催化对工业过程的高度影响强调了这一点，包括散装、精细农用化学品和药品(约 90%)。特别地，金属催化剂是实际催化的最成功的例子之一[8-14]。然而，大多数金属（如 Pd、Rh、Ru、Ir）的使用，由于其低丰度、高价格或毒性而存在困难。此外，目前建立“绿色”化学的趋势已经开始寻找更环保和可持续的替代品。因此，目前的研究，一方面集中于用更便宜和低毒性的替代金属，另一方面集中于发现使用这种金属的新方案[15-17]。在这方面，由于锌的普遍丰度（在地壳中的第 24 位，0.0076%）和在矿石中的高浓度，锌的应用可能会引起极大的关注。例如，锌的一个主要开采来源是闪锌矿，其中含有大量的硫化锌（锌浓度约为 60%）和不同数量的铁。与其他金属相比，锌很容易以高纯度从矿物中提取出来。此外，含锌矿物菱锌矿（碳酸锌）、异极矿（硅酸锌）和纤锌矿（硫化锌）是重要的锌来源。目前，已确定的世界锌资源量估计为 18 亿吨，其中数百万吨固定在人造材料中，是有可能从中回收锌的。根据锌的丰度和可获得性，目前金属锌的价格大约为 2 万元/吨。另一个吸引人的方面是锌作为一种必需微量元素的生物相关性，例如，人体每日剂量为 12~15mg，以保持几种酶的工作。基于此，已经发现锌与其他金属相比具有较低的毒性，这使得其在药物合成中的应用具有吸引力[18-21]。由于这些优点，自首次记载黄铜（一种由铜和锌制成的合金，可追溯到公元前 384—公元前 322 年亚里士多德和公元前 106—公元前 43 年西塞罗时代）以来，黄铜的应用都非常广泛，过了几个世纪，直到锌作为一种独立的金属被发现。随后几个世纪的发展导致锌在今天的镀锌、合金、黄铜、青铜等多种用途中使用。相比之下，有机化学利用锌的首次尝试可以追溯到 1849 年，当时 Frankland（1825—1899）合成了第一个有机金属化合物二乙基锌。从那时起，锌的许多化学计量应用已经被考虑，例如，Reformatsky 反应、Fukuyama 反应和 Negishi 反应，它们都是有机化学中突破性的化学转化[22-27]。令人惊讶的是，与其他金属相比，锌催化在有机化学中的应用并不发达。通常，这种情况可以用锌在周期表中的“过渡”位置来解释，即在过渡金属和主族元素之间。基于填充 d 壳层的［Ar］$3d^{10}4s^2$ 电子构型，其化学性质不同于过渡金属的化学性质，更多地与主族化学有关。因此，与其他过渡金属相比，锌不具有明显的氧化还原化学性质；已知的主要是 Zn(0）和 Zn(Ⅱ)，而最近已经建立了与 Zn(Ⅰ）的配合物。通常，由于直接和“可预测的”化学，锌试剂的应用一直受到限制。然而，最近情况发生了变化，锌的催化潜力已在许多应用中得到证实[28-33]。本书从有机锌试剂的制备、常规化学反应及不对称反应中的应用等方面详细对有机锌试剂的相关进展进行了介绍。此外，有机锌试剂的应用还包括还原、氧化、C—C、C—N、C—O 键形成、聚合等领域的主要成就，以及锌在化学计量转化中的应用，鉴于篇幅及锌试剂不断发展，此处无法全部囊括锌试剂的所有方面，相关知识也可在其他的书籍和文献中查阅。

如本书的介绍，有机锌试剂在过去几十年中引起了极大的兴趣。与其他常见的主基有机金属化合物（如有机锂和有机镁试剂）相比，有机锌试剂的反应性较低，因此具有较宽的官能团耐受性。这种低反应性是由于 C—Zn 键的高度共价特性和锌的中等路易斯酸性的结合而产生的[34-36]。值得注意的是，有机锌试剂可以在主族有机金属化学中通常禁止的一些极性溶剂（如 DMF、N,N-二甲基甲酰胺）中制备，并且它们容忍存在呈现酸性质子的有机官能团，如 N-H 酰胺、炔烃或吲哚。有机锌化合物的一个显著特征是它们易与许多过渡金属盐或配合物进行金属转移过程，这增强了它们的反应性。由于 d 轨道的存在，由此产生的新的过渡金属化合物可以与广泛的有机亲电试剂反应，这使得新的反应途径不适用于主族有机金属。不仅如此，有机锌试剂在金属催化的交叉偶联反应领域占据中心地位[37-40]。正如本书所述的有机锌试剂在该领域的众多应用，许多有机锌试剂的官能团具有很好的耐受性，允许亲核碳供体和亲电伙伴具有非同寻常的多样性。在过去 10 年中，该领域在这两个关键问题上取得了重大进展，且以决定性的方式参与了相关的化学反应和实际应用[41-42]。一方面，新的制备方法提高了有机锌衍生物的可及性和操作便利性。另一方面，由于新配体的出现，使得更具催化活性的体系的鉴定成为可能，从而扩展了合适的亲电配偶体的范围。另外，有机锌已被证明是两种不同有机金属物种之间的氧化偶联的极好伙伴，在交叉偶联化学的背景下，这是一种很有前途的变体。因此，本书详细介绍了在各种不同配体的存在下，有机锌试剂可以通过交叉偶联反应，不对称地合成许多结构类型的有机化合物[23-25,28,31,38,43-51]，这些反应在有机小分子合成、天然产物全合成及材料合成等领域具有非常广泛的应用，这不仅奠定了有机锌试剂在合成化学中的重要地位，同时也为人类社会的发展做出了巨大贡献。

综上所述，有机锌试剂以其优良的物理、化学性质几乎可以发生所有类型的化学反应，因此广泛应用于有机化学、药物化学、生物化学等领域。现代有机合成化学中，有机锌试剂的研究主要集中在选择合适的过渡金属催化剂以及设计结构合理的配体以提高反应的产率和 *ee* 值。可以预见，有机锌试剂的研究与应用仍将是今后的热点之一[34-35,50,52]。

参考文献

[1] ZHENG N, XU Y, ZHAO Q, et al. Dynamic Covalent Polymer Networks: A Molecular Platform for Designing Functions beyond Chemical Recycling and Self-Healing [J]. Chem. Rev., 2021, 121: 1716-1745.

[2] DANTAS T E T, DE-SMOUZA E D, DESTRO I R, et al. How the combination of Circular Economy and Industry 4.0 can contribute towards achieving the Sustainable Development Goals [J]. Sustain. Prod. Consump., 2021, 26: 213-227.

[3] WANG P, HU M, WANG H, et al. The Evolution of Flexible Electronics: From Nature, Beyond Nature, and To Nature [J]. Adv. Sci., 2020, 7: 2001116.

[4] ZHANG J, YANG H, LIU, B. Coordination Engineering of Single-Atom Catalysts for the Oxygen Reduction Reaction: A Review [J]. Adv. Energy Mater., 2021, 11: 2002473.

[5] TANG C, ZHENG Y, JARONIEC M, et al. Electrocatalytic Refinery for Sustainable Production of Fuels and Chemicals [J]. Angew. Chem. Int. Ed., 2021, 60: 19572-19590.

[6] ZHU Y, LIN Q, ZHONG Y, et al. Metal oxide-based materials as an emerging family of hydrogen evolution electrocatalysts [J]. Energy Environ. Sci., 2020, 13: 3361-3392.

[7] FRANCO F, RETTENMAIER C, JEON H S, et al. Transition metal-based catalysts for the

electrochemical CO_2 reduction: from atoms and molecules to nanostructured materials [J]. Chem. Soc. Rev., 2020, 49: 6884-6946.

[8] JI S, CHEN Y, WANG X, et al. Chemical Synthesis of Single Atomic Site Catalysts [J]. Chem. Rev., 2020, 120: 11900-11955.

[9] BELLOTTI P, KOY M, HOPKINSON M N, et al. Recent advances in the chemistry and applications of N-heterocyclic carbenes [J]. Nat. Rev. Chem., 2021, 5: 711-725.

[10] QIN R, LIU K, WU Q, et al. Surface Coordination Chemistry of Atomically Dispersed Metal Catalysts [J]. Chem. Rev., 2020, 120: 11810-11899.

[11] JIN R, LI G, SHARMA S, et al. Toward Active-Site Tailoring in Heterogeneous Catalysis by Atomically Precise Metal Nanoclusters with Crystallographic Structures [J]. Chem. Rev., 2021, 121: 567-648.

[12] CHEUNG K P S, SARKAR S, GEVORGYAN V. Visible Light-Induced Transition Metal Catalysis [J]. Chem. Rev., 2022, 122: 1543-1625.

[13] CHAN A Y, PERRY I B, BISSONNETTE N B, et al. Metallaphotoredox: The Merger of Photoredox and Transition Metal Catalysis [J]. Chem. Rev., 2022, 122: 1485-1542.

[14] LIU B, ROMINE A M, RUBEL C Z, et al. Transition-Metal-Catalyzed, Coordination-Assisted Functionalization of Nonactivated C (sp^3)-H Bonds [J]. Chem. Rev., 2021, 121: 14957-15074.

[15] LI Y, WU D, CHENG H, et al. Difunctionalization of Alkenes Involving Metal Migration [J]. Angew. Chem. Int. Ed., 2020, 59: 7990-8003.

[16] AI W, ZHONG R, LIU X, et al. Hydride Transfer Reactions Catalyzed by Cobalt Complexes [J]. Chem. Rev., 2018, 119: 2876-2953.

[17] RANA S, BISWAS J P, PAUL S, et al. Organic synthesis with the most abundant transition metal-iron: from rust to multitasking catalysts [J]. Chem. Soc. Rev., 2021, 5: 243-472.

[18] SHIN J, LEE J, PARK Y, et al. Aqueous zinc ion batteries: focus on zinc metal anodes [J]. Chem. Sci., 2020, 11: 2028-2044.

[19] MAARES M, HAASE H. A Guide to Human Zinc Absorption: General Overview and Recent Advances of In Vitro Intestinal Models [J]. Nutrients, 2020, 12: 762.

[20] BANDEIRA M, GIOVANELA M, ROESCH-ELY M, et al. Green synthesis of zinc oxide nanoparticles: A review of the synthesis methodology and mechanism of formation [J]. SUSTAIN. CHEM. PHARM., 2020, 15: 100223.

[21] CABRAL-PACHECO G A, GARZA-VELOZ I, CASTRUITA-DE LA ROSA C, et al. The Roles of Matrix Metalloproteinases and Their Inhibitors in Human Diseases [J]. Int. J.

Mol. Sci., 2020, 21: 9739.

[22] KIM J H, KO Y O, BOUFFARD J, et al. Advances in tandem reactions with organozinc reagents [J]. Chem. Soc. Rev., 2015, 44: 2489-2507.

[23] DIAN L, MAREK I. Asymmetric Preparation of Polysubstituted Cyclopropanes Based on Direct Functionalization of Achiral Three-Membered Carbocycles [J]. Chem. Rev., 2018, 118: 8415-8434.

[24] HERATH A, MOLTENI V, PAN S, et al. Generation and Cross-Coupling of Organozinc Reagents in Flow [J]. Org. Lett., 2018, 20: 7429-7432.

[25] MONDAL B, ROY U K. Making and breaking of Zn-C bonds in the cases of allyl and propargyl organozincs [J]. Tetrahedron, 2021, 90: 132169.

[26] CAO Q, HOWARD J L, WHEATLEY E, et al. Mechanochemical Activation of Zinc and Application to Negishi Cross-Coupling [J]. Angew. Chem. Int. Ed., 2018, 57: 11339-11343.

[27] ZHAO B, ROGGE T, ACKERMANN L, et al. Metal-catalysed C-Het (F, O, S, N) and C-C bond arylation [J]. Chem. Soc. Rev., 2021, 5: 8903-8953.

[28] YI Y, HANG W, Xi C. Recent Advance of Transition-Metal-Catalyzed Tandem Carboxylation Reaction of Unsaturated Hydrocarbons with Organometallic Reagents and CO_2 [J]. Chin. J. Org. Chem., 2021, 41: 80.

[29] TEIXEIRA W K O, DE ALBUQUERQUE D Y NARAYANAPERUMAL S, et al. Recent Advances in the Synthesis of Enantiomerically Enriched Diaryl, Aryl Heteroaryl, and Diheteroaryl Alcohols through Addition of Organometallic Reagents to Carbonyl Compounds [J]. Synthesis, 2020, 52: 1855-1873.

[30] MURAKAMI K, YORIMITSU H. Recent advances in transition-metal-catalyzed intermolecular carbomagnesiation and carbozincation [J]. Beilstein J. Org. Chem., 2013, 9: 278-302.

[31] ZHU H, DRIVER T G. Recent Advances to Mediate Reductive Processes of Nitroarenes Using Single-Electron Transfer, Organomagnesium, or Organozinc Reagents [J]. Synthesis, 2022, 54: 3142-3161.

[32] JANG S Y, MURALE D P, KIM A D, et al. Recent Developments in Metal-Catalyzed Bio-orthogonal Reactions for Biomolecule Tagging [J]. ChemBioChem, 2019, 20: 1498-1507.

[33] DAGORNE S. Recent Developments on N-Heterocyclic Carbene Supported Zinc Complexes: Synthesis and Use in Catalysis [J]. Synthesis, 2018, 50: 3662-3670.

[34] PINAUD, M, LE GALL E, PRESSET M. Mixed Aliphatic Organozinc Reagents as

Nonstabilized C_{sp}^3-Nucleophiles in the Multicomponent Mannich Reaction [J]. J. Org. Chem., 2022, 87: 4961-4964.

[35] HANADA E M, TAGAWA T K S, KAWADA M, et al. Reactivity Differences of Rieke Zinc Arise Primarily from Salts in the Supernatant, Not in the Solids [J]. J. Am. Chem. Soc., 2022, 144: 12081-12091.

[36] ČUBIŇÁK M, TOBRMAN T. Room-Temperature Negishi Reaction of Trisubstituted Vinyl Phosphates for the Synthesis of Tetrasubstituted Alkenes [J]. J. Org. Chem., 2020, 85: 10728-10739.

[37] TULEWICZ A, SZEJKO V, JUSTYNIAK I, et al. Exploring the reactivity of homoleptic organozincs towards SO_2: synthesis and structure of a homologous series of organozinc sulfinates [J]. Dalton Trans., 2022, 51 (18): 7241-7247.

[38] TANG S, BRICARD J, SCHMITT M, et al. Fukuyama Cross-Coupling Approach to Isoprekinamycin: Discovery of the Highly Active and Bench-Stable Palladium Precatalyst POxAP [J]. Org. Lett., 2019, 21: 844-848.

[39] LEE Y, PARK J, CHO S H. Generation and Application of (Diborylmethyl) zinc (Ⅱ) Species: Access to Enantioenriched gem-Diborylalkanes by an Asymmetric Allylic Substitution [J]. Angew. Chem. Int. Ed., 2018, 57: 12930-12934.

[40] KANDASAMY M, HUANG Y H, GANESAN B, et al. In Situ Generation of Alkynylzinc and Its Subsequent Negishi Reaction in a Flow Reactor [J]. Eur. J. Org. Chem., 2019, 2019: 4349-4356.

[41] RAPPOPORT Z, MAREK I. The Chemistry of Organozinc Compounds: R-Zn [M]. New York: John Wiley & Sons, 2006.

[42] ENTHALER S, WU X. Zinc catalysis: applications in organic synthesis [M]. Weinheim: Wiley-VCH Verlay GmbH & Co. KGaA, 2015.

[43] TAKIMOTO M, GHOLAP S S, HOU Z. Alkylative Carboxylation of Ynamides and Allenamides with Functionalized Alkylzinc Halides and Carbon Dioxide by a Copper Catalyst [J]. Chemistry-A European Journal, 2019, 25: 8363-8370.

[44] LAZZAROTTO M, HARTMANN P, PLETZ J, et al. Asymmetric Allylation Catalyzed by Chiral Phosphoric Acids: Stereoselective Synthesis of Tertiary Alcohols and a Reagent-Based Switch in Stereopreference [J]. Adv. Synth. Catal., 2021, 363: 3138-3143.

[45] PU L. Asymmetric Functional Organozinc Additions to Aldehydes Catalyzed by 1,1′-Bi-2-naphthols (BINOLs)[J]. Accounts Chem. Res., 2014, 47: 1523-1535.

[46] VARGOVÁ D, NÉMETHOVÁ I, PLEVOVÁ K, et al. Asymmetric Transition-Metal

Catalysis in the Formation and Functionalization of Metal Enolates [J]. ACS Catal. 2019, 9: 3104-3143.

[47] CETIN A. Chiral Catalysts Utilized in the Nucleophilic Addition of Dialkyl-zinc Reagents to Carbonyl Compounds [J]. Lett. Org. Chem., 2020, 17: 571-585.

[48] DILMAN A D, LEVIN V V. Difluorocarbene as a Building Block for Consecutive Bond-Forming Reactions [J]. Accounts Chem. Res., 2018, 51: 1272-1280.

[49] BAUER T. Enantioselective dialkylzinc-mediated alkynylation, arylation and alkenylation of carbonyl groups [J]. Coord. Chem. Rev., 2015, 299: 83-150.

[50] MENGES-FLANGAN G, DEITMANN E, GÖSSL L, et al. Scalable Continuous Synthesis of Organozinc Reagents and Their Immediate Subsequent Coupling Reactions [J]. Org. Process Res. Dev., 2021, 25: 427-433.

[51] DORVAL C, DUBOIS E, BOURNE BRANCHU Y, et al. Sequential Organozinc Formation and Negishi Cross-Coupling of Amides Catalysed by Cobalt Salt [J]. Adv. Synth. Catal., 2019, 361: 1777-1780.

[52] GARCÍA GARRIDO S E, PRESA SOTO A, HEVIA E, et al. Advancing Air- and Moisture-Compatible s-Block Organometallic Chemistry Using Sustainable Solvents [J]. Eur. J. Inorg. Chem., 2021, 2021 (31): 3116-3130.